Fachwissen Technische Akustik

Diese Reihe behandelt die physikalischen und physiologischen Grundlagen der Technischen Akustik, Probleme der Maschinen- und Raumakustik sowie die akustische Messtechnik. Vorgestellt werden die in der Technischen Akustik nutzbaren numerischen Methoden einschließlich der Normen und Richtlinien, die bei der täglichen Arbeit auf diesen Gebieten benötigt werden.

Gerhard Müller · Michael Möser
Herausgeber

Beurteilung von Schallimmissionen

Gesetze – Vorschriften – Normen – Richtlinien

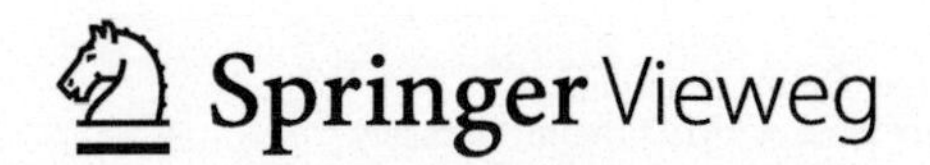

Herausgeber
Gerhard Müller
Lehrstuhl für Baumechanik
Technische Universität München
München, Deutschland

Michael Möser
Institut für Technische Akustik
Technische Universität Berlin
Berlin, Deutschland

Fachwissen Technische Akustik
ISBN 978-3-662-55388-6 ISBN 978-3-662-55389-3 (eBook)
DOI 10.1007/978-3-662-55389-3

Die Deutsche Nationalbibliothek verzeichnet diese Publikation in der Deutschen Nationalbibliografie; detaillierte bibliografische Daten sind im Internet über http://dnb.d-nb.de abrufbar.

Springer Vieweg

Dieser Beitrag wurde zuerst veröffentlicht in: G. Müller, M. Möser (Hrsg.), Taschenbuch der Technischen Akustik, Springer Nachschlagewissen, Springer-Verlag Berlin Heidelberg 2015, DOI 10.1007/978-3-662-43966-1_5-1

Gedruckt auf säurefreiem und chlorfrei gebleichtem Papier

Springer Vieweg ist Teil von Springer Nature
Die eingetragene Gesellschaft ist Springer-Verlag GmbH Deutschland
Die Anschrift der Gesellschaft ist: Heidelberger Platz 3, 14197 Berlin, Germany

Inhaltsverzeichnis

Autorenverzeichnis

Bernd Kunzmann DIN Deutsches Institut für Normung e.V., Berlin, Deutschland

Berthold M. Vogelsang Niedersächsisches Umweltministerium, Hannover, Deutschland

Beurteilung von Schallimmissionen

Gesetze – Vorschriften – Normen – Richtlinien

Berthold M. Vogelsang und Bernd Kunzmann

Zusammenfassung

Rechtsvorschriften legen die wesentlichen Rahmenbedingungen und Schutzziele fest. Für deren technische Ausgestaltung verweisen sie auf Normen, denen damit eine staatsentlastende Wirkung zukommt.

Regelwerke haben den Anspruch, dem anerkannten Stand der Technik zu entsprechen und werden aus diesem Grunde regelmäßig überprüft und ggf. fortgeschrieben.

Nahezu der gesamte Bereich des akustischen Immissionsschutzes wie auch des Arbeitsschutzes wird durch Normen abgedeckt. Die Schwerpunkte des akustischen Immissionsschutzes liegen im Bereich des Verkehrs- und Anlagenlärms. Während es im Arbeitsschutz mehr um die Sicherstellung des erreichten Schutzniveaus geht, verlagert sich die Fragestellung im akustischen Immissionsschutz zum einen mehr auf die Bestimmung des Gesamtlärms und zum anderen tritt die Qualitätssicherung von Berechnungen mehr in den Vordergrund.

1 Einleitung

Schall gehört zu unserer natürlichen Umwelt. Er dient uns zur Orientierung in unserem Umfeld, zur Erkennung von Gefahren und zur Kontrolle von Tätigkeiten. Besonders wichtig ist Schall als Träger von Sprache, die ein entscheidendes Mittel zur Entfaltung der Persönlichkeit und zur Auseinandersetzung mit der sozialen Umwelt ist [1].

Schall wird zu Lärm, wenn er Menschen beeinträchtigt (VDI 3722 Blatt 1 [2]). Wichtige Aspekte sind Minderung der Hörfähigkeit, Belästigungen sowie Kommunikations- und Rekreationsstörungen [3, 4].

Das Ausmaß der Beeinträchtigungen hängt nicht nur von den akustischen Schalleigenschaften ab, sondern auch von einer Vielzahl weiterer Faktoren. Hierzu zählen z. B. situative Merkmale, wie der Ort und Zeitpunkt der Schalleinwirkungen,

B. M. Vogelsang (✉)
Niedersächsisches Umweltministerium, Hannover, Deutschland
E-Mail: berthold.vogelsang@mu.niedersachsen.de

B. Kunzmann
DIN Deutsches Institut für Normung e.V., Berlin, Deutschland
E-Mail: bernd.kunzmann@din.de

G. Müller, M. Möser (Hrsg.), *Beurteilung von Schallimmissionen*, Fachwissen Technische Akustik,
DOI 10.1007/978-3-662-55389-3_5

individuell-subjektive Faktoren, wie die körperliche und seelische Verfassung der Betroffenen, sowie Gewöhnung oder Sensibilisierung. Die nichtakustischen Faktoren können die individuellen Reaktionen auf Lärm stärker beeinflussen als die akustischen [5].

Bei der Beurteilung von Geräuschimmissionen geht es darum, das Ausmaß der Lärmwirkungen mit Hilfe objektivierbarer Einflussfaktoren zu schätzen und Aussagen zu treffen, ob angestrebte Schutzziele, z. B. die Vermeidung erheblicher Belästigungen oder die Gewährleistung einer guten Sprachverständlichkeit, erreicht werden.

In der Vergangenheit sind eine Vielzahl von Mess- und Beurteilungsverfahren entwickelt worden, die – mehr oder weniger gut belegt – zu einer Optimierung der Vorhersage von Lärmwirkungen führen sollen. Da die großeVerfahrensvielfalt aufgrund der begrenzten Aussagekraft akustischer Messgrößen für die Schätzung von Lärmwirkungen unzureichend und im Hinblick auf die internationale Harmonisierungsbestrebungen nicht zweckmäßig ist, hat man sich in der nationalen und internationalen Normung auf ein einheitliches Konzept für die Beurteilung von Geräuschimmissionen im Immissions- und Arbeitsschutz verständigt.

2 Beurteilungsgrundlagen

2.1 Momentane Geräuschstärke

Zur Beschreibung der Schallstärke wird der Schalldruckpegel $L_p(t)$ nach Gl. (1) gebildet:

$$L_p(t) = 10\lg\left[\int_0^{\infty} \frac{p^2(t-t')e^{\frac{-t'}{\tau}}}{p_0^2}\mathrm{d}t'\right]\mathrm{dB} \quad (1)$$

Dabei ist

$p(t)$ der Schalldruck in Pascal;

p_0 der Bezugswert von 20 μPa;

τ Zeitkonstante der Zeitbewertung.

2.2 Schallpegel und Schallexposition

Eine maßgebliche Kenngröße in der akustischen Messtechnik ist der zeitbewertete Schallpegel (siehe z. B. DIN EN 61672-1 [6]). Dieser wird gebildet als zehnfacher dekadischer Logarithmus des Verhältnisses des gleitenden zeitlichen Mittelwerts des quadrierten frequenz- und zeitbewerteten Schalldrucksignals zum Quadrat des Bezugswerts. Der zeitbewertete Schallpegel wird in Dezibel angegeben. Formelzeichen für den zeitbewerteten Schallpegel sind beispielsweise L_{AF}, L_{AS}, L_{CF} und L_{CS} für die Frequenzbewertungen A bzw. C und die Zeitbewertungen F bzw. S.

Die Art der genutzten Zeit- und Frequenzbewertung wird als zusätzliche Indices gekennzeichnet. Von „Einheitenergänzungen", wie z. B. „dB (A)", die häufig in gesetzlichen Regelungen Anwendung finden, sollte abgesehen werden. Um Missverständnisse zu vermeiden, ist es geboten, die Kenngröße mit ihrer physikalischen Größe als Index (kursiv) zu versehen, wie z. B. mit den „Index p" für einen Schalldruckpegel oder für einen Schallleistungspegel mit dem „Index W"

In Formelschreibweise kann der A-bewertete und mit F zeitbewertete Schalldruckpegel $L_{p\mathrm{AF}}(t)$ zum Beobachtungszeitpunkt t- beispielsweise wie in Gl. (2) angegeben -dargestellt werden:

$$L_{p\mathrm{AF}}(t) = 10\lg\left[\frac{(1/\tau_{\mathrm{F}})\int_{-\infty}^{t} p_{\mathrm{A}}^2(\xi)e^{-(t-\xi)/\tau_{\mathrm{F}}}\mathrm{d}\xi}{p_0^2}\right]\mathrm{dB} \quad (2)$$

Dabei ist

τ_{F} die Zeitkonstante in s der Exponentialfunktion der Zeitbewertung F;

ξ die Variable für die Integration über die Zeit von einem Zeitpunkt in der Vergangenheit (angedeutet durch $-\infty$ als untere Integrationsgrenze) bis zum Beobachtungszeitpunkt t;

$p_{\mathrm{A}}(\xi)$ der Momentanwert des A-bewerteten Schalldrucksignals in Pascal;

p_0 der Bezugswert von 20 μPa.

Als weitere Kenngröße wird die Schallexposition im Immissions- und Arbeitsschutz verwendet. Diese hat sich u. a. bei der Bestimmung der Gehörgefährdung etabliert (siehe u. a. DIN EN ISO 9612 [7]). In Formelschreibweise lässt sich die A-bewertete Schallexposition $E_{\mathrm{A,T}}$ zum Beispiel wie folgt darstellen:

$$E_{\mathrm{A},T} = \int_{t_1}^{t_2} p_{\mathrm{A}}^2(t)\mathrm{d}t \qquad (3)$$

Dabei ist

$p_{\mathrm{A}}^2(t)$ das quadrierte A-bewertete Schalldrucksignal während der Integrationsdauer T die von t_1 bis t_2 reicht, in Pascal.

Der Schallexpositionspegel berechnet sich als zehnfacher dekadischer Logarithmus des Verhältnisses einer Schallexposition zu einem Bezugswert und wird in Dezibel (dB) angegeben. In Formelschreibweise stellt sich der Zusammenhang des A-bewerteten Schallexpositionspegels $L_{E\mathrm{A},T}$ mit dem entsprechenden A-Mittelungs-pegel $L_{p\mathrm{Aeq},T}$ zum Beispiel wie folgt dar:

$$L_{E\mathrm{A},T} = 10\lg\left[\frac{\int_{t_1}^{t_2} p_{\mathrm{A}}^2(t)\mathrm{d}t}{p_0^2 T_0}\right]\mathrm{dB} = 10\lg\left(\frac{E_{\mathrm{A},T}}{E_0}\right)\mathrm{dB} = L_{p\,\mathrm{Aeq},T} + 10\lg\left(\frac{T}{T_0}\right)\mathrm{dB} \qquad (4)$$

Dabei ist

$E_{\mathrm{A},T}$ die A-bewertete Schallexposition in $\mathrm{Pa}^2\mathrm{s}$ über die Integrationsdauer T, siehe Gl. (5);

E_0 der Bezugswert $p_0^2 T_0$ $(20\ \mu\mathrm{Pa})^2 \times 1\ \mathrm{s} = 400 \times 10^{-12}\ \mathrm{Pa}^2\mathrm{s}$;

T das Zeitintervall der Messung in s, das von t_1 bis t_2 reicht;

T_0 der Bezugswert von 1 s für Schallexpositionspegel.

Der A-bewertete Mittelungspegel $L_{p\mathrm{Aeq},T}$ über das Mittelungsintervall T hängt mit der entsprechenden A-bewerteten Schallexposition E_{A} bzw. dem A-bewerteten Schallexpositionspegel $L_{E\mathrm{A},T}$ innerhalb dieses Zeitintervalls, wie in Gl. (4) und (5) angegeben, zusammen:

$$E_{\mathrm{A},T} = p_0^2 T\left(10^{0,1 L_{p\,\mathrm{Aeq},T}/\mathrm{dB}}\right) \qquad (5)$$

und

$$L_{p\mathrm{Aeq},T} = 10\lg\left(\frac{E_{\mathrm{A},T}}{p_0^2 T}\right)\mathrm{dB} = L_{E\mathrm{A},T} - 10\lg\left(\frac{T}{T_0}\right)\mathrm{dB} \qquad (6)$$

Der Bezugsschalldruck p_0 entspricht etwa dem kleinsten wahrnehmbaren Schalldruck (Hörschwelle) normalhörender Menschen im Frequenzbereich um 2 kHz. Die Schmerzschwelle (Fühlschwelle) liegt bei einem Schalldruck von ca. 20 Pa. Durch die Einführung des Schalldruckpegels lässt sich der Schalldruckbereich von 6 Zehnerpotenzen, in dem das Ohr den Schall verarbeiten kann, mit Zahlen zwischen 0 und 120 beschreiben.

Die Empfindlichkeit des menschlichen Gehörs ist frequenzabhängig (s. Kurven gleicher Lautstärkepegel in Abb. 1). Bei gleichem Schalldruckpegel werden tiefe und hohe Töne leiser wahrgenommen als Töne mit mittleren Frequenzen um 1 kHz. Diese Frequenzabhängigkeit ist bei niedrigen Schalldruckpegeln besonders ausgeprägt und nimmt mit wachsendem Pegel ab.

Diese Gehöreigenschaft wird bei der Schallbeurteilung durch eine Frequenzbewertung berücksichtigt. Von den verschiedenen genormten Bewertungen (s. Abschn. 2.4) nimmt die A-Bewertung, die die Gehörempfindlichkeit bei niedrigen Pegeln vereinfacht nachbildet, für die Beurteilung im Immissions- und Arbeitsschutz national und international eine Vorrangstellung ein. Für viele breitbandige Geräusche besteht ein enger Zusammenhang zwischen den A-bewerteten Schalldruckpegeln und der Lautheitsempfindung. Dagegen werden schmalbandige Schalle im Vergleich zu breitbandigen bei gleichem A-bewerteten Schalldruckpegel als deutlich leiser empfunden [1].

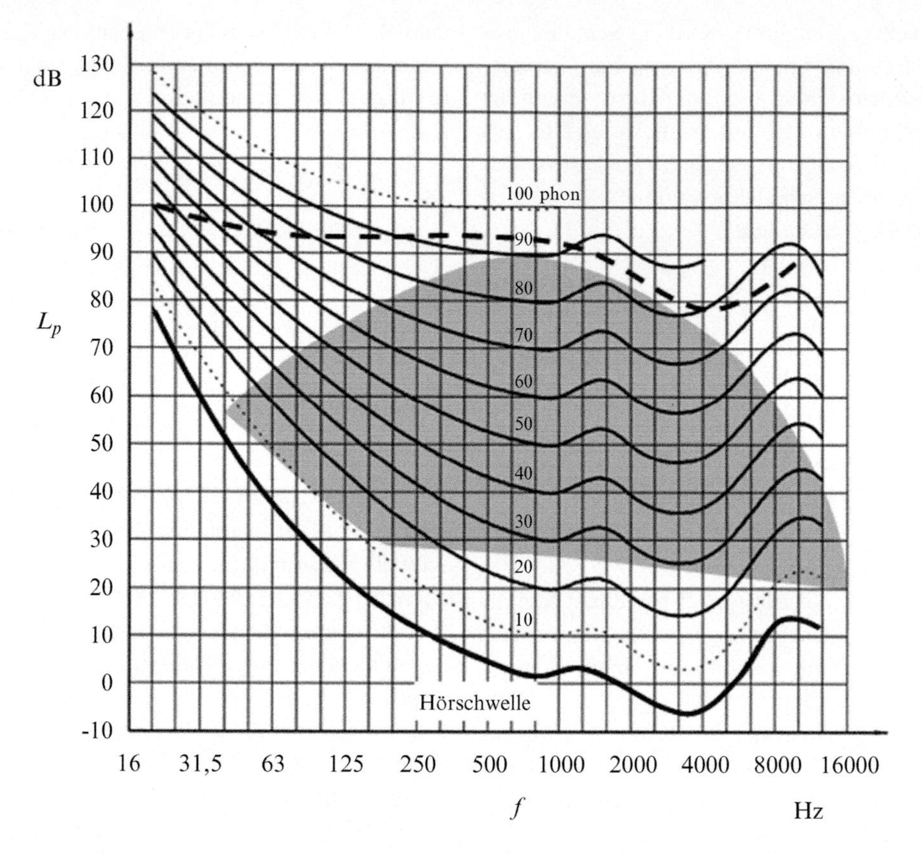

Abb. 1 Kurven gleicher Lautstärkepegel und Hörschwelle für Sinustöne im freien Schallfeld bei binauralem Hören und frontalem Schalleinfall nach ISO 226 [8]. _______ Hörschwelle; _ _ _ _ Unbehaglichkeitsschwelle; Bereich Sprache und Musik

2.3 Zeitbewertungen

Der Schalldruckpegel $L_p(t)$ hängt auch von den dynamischen Eigenschaften des Schallpegelmessers ab (Zeitkonstante τ in Gl. 1). Genormt sind die Zeitbewertungen S („Langsam", „SLOW"), F („Schnell", „FAST") nach DIN EN 61672-1 [6] sowie I („Impuls") nach DIN 45657 [9]. Zur Messung des absoluten Spitzenwertes eines Schallsignals wird die Zeitbewertung „Spitze" („PEAK") verwendet.

Die Zeitbewertungen S, F und I sollten ursprünglich unterschiedliche Messwerte ergeben, die die besondere Störwirkung unterschiedlicher Schallsignale widerspiegeln. So war die Zeitbewertung I für die Messung impulshaltiger Schalle vorgesehen. Heute betrachtet man die Zeitbewertungen lediglich als Konventionen, deren Anwendungen aus den jeweiligen Regelwerken zu entnehmen sind. Bei der Weiterentwicklung der internationalen Schallpegelmessernorm (DIN EN 61672-1 [6, 10, 11]) wurden Festlegungen zur Zeitbewertung I und Einzelheiten zur AU-Bewertung gestrichen. Da diese jedoch für die nationale Anwendung – besonders im Bereich Arbeitsschutz – besondere Bedeutung haben, wurden die damit verbunden Festlegungen und Einzelheiten in die DIN 45657 [9] übernommen.

Im Bereich der deutschen Normung wird als weitere Zeitbewertung das sogenannte Taktmaximalpegel-Verfahren (DIN 45645-1 [12]) verwendet (Pegelbezeichnung L_{pFT}). Bei diesem Verfahren wird das Schallsignal in gleichlange Zeitintervalle (Takte) eingeteilt. In jedem Takt ist der Taktmaximalpegel $L_{pFT}(t)$ gleich dem Maximalwert des Schalldruckpegels $L_{pF}(t)$. Die Taktzeit beträgt im Immissionsschutz 5 s. Im Arbeitsschutz hat das Taktmaximalpegelverfahren keine Bedeutung mehr.

Tab. 1 Zeitbewertung der Schallsignale

Zeitbewertung	Bezeichnung	Anstiegskonstante	Abklingkonstante
Langsam (SLOW)	S	1000 ms	1000 ms
Schnell (FAST)	F	125 ms	125 ms
Impuls (IMPULSE)	I	35 ms	1500 ms
Spitzenwert (PEAK)	Peak	ca. 0,05 ms	
Taktmaximal	FT	125 ms	5000 ms/ 3000 ms[1)]

[1)] Beim Taktmaximal-Verfahren wird keine exponentielle, sondern eine rechteckige Abklingfunktion verwendet.

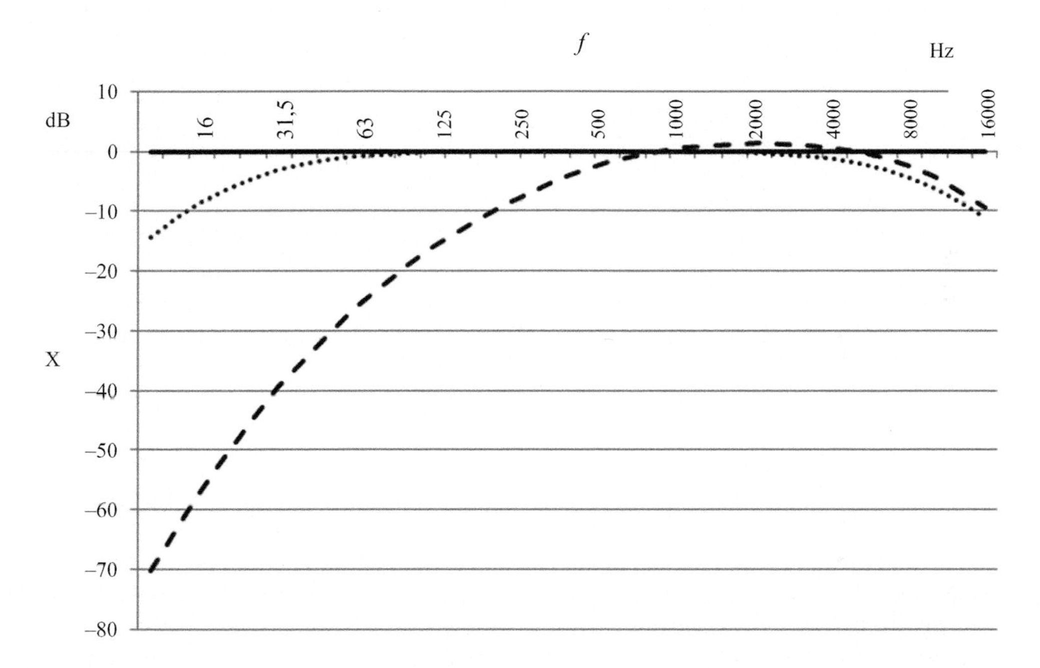

Abb. 2 Frequenzbewertungen A, C und Zfür Schallpegelmesser in Anlehnung an DIN EN 61672-1 [6]. *f* Frequenz in Hertz; Y Korrekturwert in Dezibel; _ _ _ A-Bewertung; . . . . . C-Bewertung; _____ Z-Bewertung

Da die Momentanwerte des Schalldruckpegels $L_p(t)$ von der verwendeten Frequenz- und Zeitbewertung abhängen, müssen diese stets mit angegeben werden, z. B. $L_{p\mathrm{AF}}(t)$, $L_{p\mathrm{CS}}(t)$.

Die Zeitkonstanten sind in Tab. 1 wiedergegeben.

2.4 Frequenzbewertungen

In nationalen und internationalen Normen sind für Schallmessungen verschiedene Frequenzbewertungskurven festgelegt worden. Für den Hörschall (16 Hz bis 16 kHz) sind dies neben der A-Kurve, die C-, Z- und U-Kurve. Frequenzverläufe für A, C und Z sind in Abb. 2 dargestellt. Von der Frequenzbewertung „Z" („Zero") spricht man, wenn das Übertragungsmaß der Schallpegelmessgeräte im interessierenden Frequenzbereich frequenzunabhängig ist.

Die A- und C-Bewertung nach DIN EN 61672-1 [6] unterscheiden sich vor allem durch ihr Verhalten bei tiefen Frequenzen. Sie stellen Annäherungen an die frequenzabhängige Empfindlichkeit des Gehörs bei verschiedenen Lautstärkepegeln dar:

A-Bewertung	40 Phon-Kurve
C-Bewertung	100 Phon-Kurve

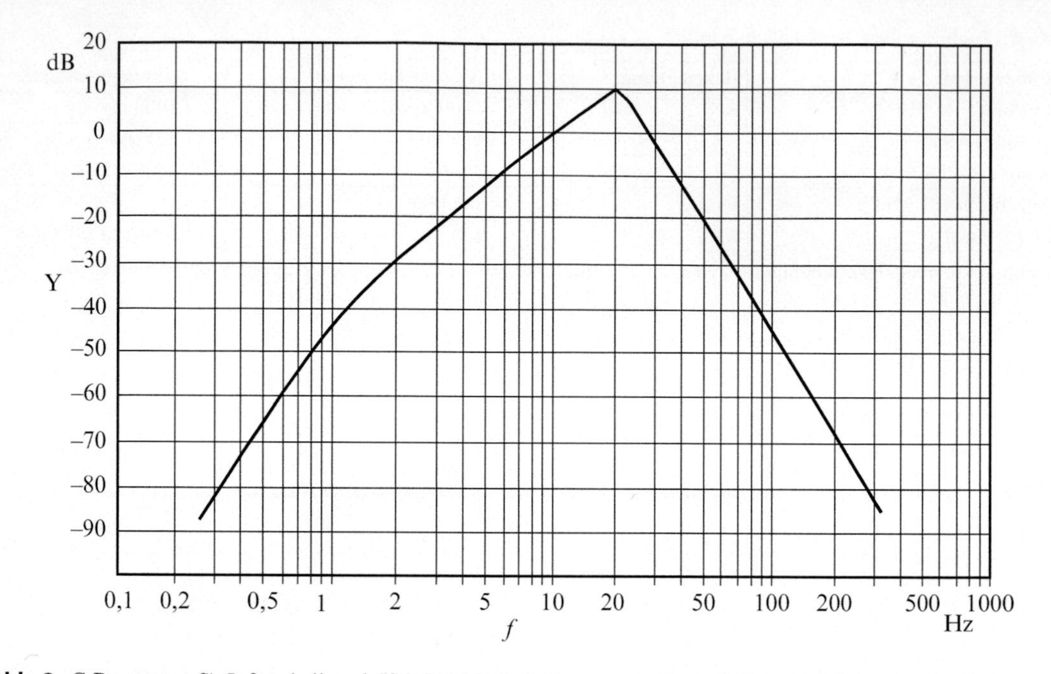

Abb. 3 G-Bewertung für Infraschall nach ISO 7196 [16]. X Frequenz in Hertz; Y Schalldruckpegel in Dezibel

Für die Schallbeurteilung im Immissions- und Arbeitsschutz wird heute in der Regel die A-Bewertung verwendet (vgl. DIN EN 61672-1 [6]). Die B-Bewertung hat dagegen keine praktische Bedeutung mehr. Gleiches gilt auch für die D-Bewertung, die früher ausschließlich für Fluglärm vorgesehen war. Die C-Bewertung findet Anwendung z. B. bei der Beurteilung tieffrequenter Geräuschimmissionen (s. DIN 45680 [13] und ISO 1996-1 [14]). Die Frequenzbewertung „Z" hat die Frequenzbewertung „lin" ersetzt.

Die U-Bewertung nach DIN EN 61012 [15] soll eingesetzt werden, wenn Hörschall in Anwesenheit von Ultraschall gemessen wird. Die U-Kurve entspricht einem Tiefpassfilter, mit dem die Frequenzanteile oberhalb von 20 kHz stark gedämpft werden. Hierdurch wird verhindert, dass Frequenzanteile im Ultraschallbereich bei der Anwendung der A-Bewertung dem Hörfrequenzbereich zugeordnet werden.

Die Frequenzbewertung AU, wie in DIN EN 61012 [15] festgelegt, ist für solche Anwendungsfälle vorgesehen, bei denen eine Messung der Hörschallkomponente eines Geräuschs im Beisein von Ultraschall gewünscht wird. Das Ergebnis einer Messung wird als AU-bewerteter Schallpegel bezeichnet.

Für den Frequenzbereich von 10 Hz bis 20 kHz entsprechen die Sollwerte und zugehörigen Grenzabweichungen denjenigen der A-Bewertung. Die Messung eines Schallpegels mit der AU-Bewertung ist auch eine Messung mit der A-Bewertung.

Eine Frequenzbewertungskurve für den Infraschallbereich (2 Hz–16 Hz) ist in ISO 7196 [16] genormt (s. Abb. 3). Sie wird in einigen europäischen Ländern im Rahmen der Beurteilung des tieffrequenten Schalls eingesetzt [1].

3 Akustische Kenngrößen für Geräuschimmissionen

3.1 Mittelungspegel

Die Abkürzung für einen gemittelten Pegel ist L_{m}. Es spielt jedoch eine Rolle, ob es sich um eine örtliche oder um eine zeitliche Mittelung handelt. Bei der örtliche Mittelung geht der L_{m} in $\overline{L}$ über. Bei der zeitlichen Mittelung von Schalldrücken ist zunächst darauf zu achten, dass es sich beim

Schalldruck um eine Feldgröße handelt. Zur Mittelung von Energiegrößen muss die Feldgröße quadriert werden, um zu einer der Energiegröße proportionalen oder näherungsweise proportionalen Größe zu kommen. Die energieäquivalente Mittelung stellt einen Sonderfall für den Halbierungsparameter (oder auch Äquivalenzparameter) von $q = 3$ dar [17].

Der energieäquivalente Schalldruckmittelungspegel (kurz äquivalente Mittelungspegel) wird dann als zehnfacher dekadischer Logarithmus des Verhältnisses eines über die Zeit T gemittelten Schalldruckquadrates zum Quadrat des Bezugsschalldruckes p_0 berechnet.

Der äquivalente Dauerschallpegel $L_{peq,T}$ wird (beispielsweise für die Frequenzbewertung A und Zeitbewertung F) wie folgt gebildet:

$$L_{p\mathrm{AFeq},\,T} = \frac{q}{\lg 2} 10 \lg \left[\frac{1}{T} \int_0^T \left(p_{\mathrm{AF}}^2 / p_0^2 \right) \mathrm{d}t \right] \mathrm{dB} \quad (7)$$

Dabei ist

T die Mittelungsdauer in Sekunden;
p_{AF} das A-bewertete Schalldrucksignal in Pascal;
p_0 der Bezugswert von 20 µPa
q Äquivalenz- bzw. Halbierungsparameter.

Nach DIN EN 61672-2 [10] ist der äquivalente Dauerschallpegel wie folgt definiert:

$$L_{p\mathrm{Aeq},\,T} = 10 \lg \left[\frac{(1/T) \int_{t-T}^{t} p_{\mathrm{A}}^2(\xi) \mathrm{d}\xi}{p_0^2} \right] \mathrm{dB} \quad (8)$$

Dabei ist

ξ die Integrationsvariable für die Integration über die Mittelungsdauer T, die zum Beobachtungszeitpunkt t endet;
T die Mittelungsdauer in Sekunden;
$p_{\mathrm{A}}(\xi)$ das A-bewertete Schalldrucksignal in Pascal;
p_0 der Bezugswert von 20 µPa.

Häufig werden auch sogenannte Kurzzeitmittelungspegel (Short-L_{eq}) gebildet, und zwar entweder über eine Dauer von 4 ms als Ausgangsgröße zur Bestimmung weiterer Kenngrößen oder über 1 s, wie z. B. in der DIN 45643 [18].

Der Mittelungspegel wird in einigen deutschen Regelwerken häufig auch als Dauerschallpegel bezeichnet. Es gibt jedoch einen feinen Unterschied zwischen Dauerschallpegel und Mittelungspegel. Eine Messung kann formal nur einen Mittelungspegel liefern, in den alle Geräuschanteile gemäß ihrer Stärke, Dauer und Häufigkeit während der Mittelungszeit eingehen. Dieser Wert kann eine Stichprobe für einen Dauerschallpegel darstellen, der theoretisch zeitlich unbegrenzt ist.

Damit stellt sich automatisch die Frage nach der Grundgesamtheit. Diese wird durch die Kennzeichnungszeit T_{K} zeitlich definiert, die durch die Aufgabenstellung vorgegeben ist. Kennzeichnungszeiten können z. B. Zeiten mit schallausbreitungsgünstigen Wetterlagen oder Zeiten mit besonderen Emissionsbedingungen sein. Die Messzeit (s. DIN 45645-1 [12]) T_{M} bzw. die Erhebungszeit (s. VDI 3723 Blatt 1 [19]) ist die Zeit von Beginn der ersten bis zum Ende der letzten Messung. Die Messzeit muss die Immissionen repräsentativ für die Kennzeichnungszeit erfassen. Die Länge der Messzeit hängt vom Vorwissen ab. Innerhalb der Kennzeichnungszeit gibt es wiederkehrende Zeitintervalle, die neutral als Bezugszeit (s. VDI 3723 Blatt 1 [19]) oder als Beurteilungszeit T_{r} (s. DIN 45645-1 [12]) bezeichnet werden. Die Beurteilungszeit beträgt nach der VDI 3723 mindestens eine Stunde und nicht mehr als 24 Stunden.

Die Berechnung des Vertrauensbereiches für den Mittelungspegel bei Verwendung von Stichprobenergebnissen regelt die DIN 45641 [17] bzw. die VDI 3723 Blatt 1 [19].

Werden bei der Ermittlung von L_{peq} zeitbewertete Signale verwendet, so ist grundsätzlich zwischen $L_{p\mathrm{Seq}}$, $L_{p\mathrm{Feq}}$, $L_{p\mathrm{Ieq}}$ und $L_{p\mathrm{FTeq}}$ zu unterscheiden. Sind die Mittelungszeiten groß, im Vergleich zu den Zeitkonstanten, so gilt:

$$L_{p\mathrm{Feq}} \approx L_{p\mathrm{Seq}} \approx L_{p\mathrm{eq}} \quad (9)$$

Neben dem Mittelungspegel kommen noch andere Messwertarten zur Beschreibung der Geräuschimmissionen zum Tragen, und zwar der 95 %-

Überschreitungspegel für das Grundgeräusch sowie der 1 %-Überschreitungpegel zur Charakterisierung kurzfristig auftretender hoher Pegel. Aus deren Verteilungen lassen sich differenzierte Beschreibungen der Geräuschimmissionen aber auch Geräuschtrennverfahren ableiten (s. VDI 3723 Blatt 1 und 2 [19, 20]).

Der Mittelungspegel ist trotzt unterschiedlicher Zeitstrukturen ein guter Prädiktor für Beeinträchtigungen. Jedoch werden bei der Beurteilung mitunter weitere Pegelgrößen herangezogen, um ggf. detailliertere Aussagen über die zu erwartenden Lärmwirkungen treffen zu können.

3.2 Überschreitungspegel

Zusatzinformationen können aus den Überschreitungspegeln L_n gewonnen werden. In der Literatur wird dieser Überschreitungspegel hin und wieder fälschlicherweise auch als Perzentilpegel bezeichnet. L_n ist der Pegelwert eines Schallsignals $L_{pAF}(t)$, der in n % des betrachteten Zeitintervalls T (Messzeit, Mittelungszeit) überschritten wird. Gebräuchliche Werte sind $L_{pAF1,T}$ zur Charakterisierung kurzzeitig auftretender hoher Pegel sowie $L_{pAF95,T}$ als Pegel des Hintergrundgeräusches [17].

3.3 Maximalpegel

Der Maximalpegel $L_{p\max}$ ist der höchste am Immissionsort ermittelte Wert des zeit- und frequenzbewerteten Schalldruckpegels $L_p(t)$ während der Dauer des Schallereignisses. Die verwendeten Bewertungen müssen immer mit angegeben werden, z. B. $L_{pAF\max}$.

3.4 Einzelereignispegel

Der Einzelereignispegel $L_{pAE,T0}$ (Gl. 7) eines Schallereignisses (**S**ingle **E**vent **L**evel) entspricht dem Pegel eines Rechteckimpulses von 1 s Dauer, der die gleiche Signalenergie enthält wie das Schallereignis. (s. a. Gl. 3).

$$L_{pAE,T_0} = 10\lg\left[\frac{1}{T_0 p_0^2}\int_T p_A^2(t)\mathrm{d}t\right]\mathrm{dB} \qquad (10)$$

Dabei ist

p_A (t) der A-bewerteter Schalldruck in Pascal;
p_0 der Bezugswert von 20 μPa;
T_0 die Bezugszeit von 1 s;
T die Integrationszeit in Sekunden.

Die Integrationszeit ist so lang zu wählen, dass die pegelbestimmenden Anteile des Schallereignisses erfasst werden. Dies ist z. B. sichergestellt, wenn über das Zeitintervall, in dem der Pegel weniger als 10 dB unter dem Maximalpegel liegt, integriert wird. Die Integrationszeit darf aber auch nicht zu lang gewählt werden, weil der Fehler durch gleichzeitig einwirkende Fremdgeräusche mit der Integrationszeit anwächst.

Der $L_{pAE,T0}$-Wert für Schallereignisse mit einer Dauer deutlich unter 1 s (z. B. Schüsse) ist kleiner als der $L_{pAF\max}$-Wert. Bei einer Dauer des Schallereignisses deutlich über 1 s (z. B. bei Überflügen) ist es umgekehrt.

3.5 Mittlerer Maximalpegel

Bei Geräuschimmissionen, die aus Einzelereignissen bestehen (z. B. Schienenverkehr, Luftverkehr, Schießen) wird zusätzlich zum äquivalenten Dauerschallpegel L_{pAeq} mitunter der mittlere Maximalpegel der Einzelereignisse verwendet:

$$L_{pAF\max,\,m} = 10\lg\left[\frac{1}{N}\sum_{i=1}^{N} 10^{0,1 L_{pAF\max,\,i}}\right]\mathrm{dB} \qquad (11)$$

Dabei ist

$L_{pAF\max,i}$ der AF-bewertete Maximalpegel des i-ten Einzelereignisses in Dezibel;
N die Anzahl der Einzelereignisse;
Die Frequenzbewertungen A und die Zeitbewertung F sind hier beispielhaft angegeben.

3.6 Beurteilungspegel

Angaben über die Schallstärke reichen in der Regel für eine wirkungsbezogene Beurteilung allein nicht aus. Es sollten weitere Einflussgrößen berücksichtigt werden. Dies geschieht durch die Bildung des Beurteilungspegels, mit dessen Hilfe in den meisten Regelwerken die Beurteilung – z. B. durch den Vergleich mit Immissionsgrenz- oder -richtwerten – vorgenommen wird. Der Beurteilungspegel L_r dient zur Kennzeichnung der Schallimmission während der Beurteilungszeit T_r. Die Beurteilungszeiten unterscheiden sich für verschiedene Anwendungsbereiche; sie sind in den einzelnen Regelwerken festgelegt.

Im Immissionsschutz wird in Deutschland in der Regel für den Tag (06:00 Uhr bis 22:00 Uhr) eine Beurteilungszeit T_r von 16 Stunden und für die Nacht (22:00 Uhr bis 06:00 Uhr) eine Beurteilungszeit T_r von 8 Stunden oder 1 Stunde (ungünstigste volle Stunde) zugrunde gelegt. International spielt auch eine Beurteilungszeit von 24 Stunden eine wichtige Rolle (s. die Kenngrößen L_{den} in der Europäischen Umgebungslärmrichtlinie [21] oder L_{dn} in amerikanischen Regelwerken [22]).

Im Arbeitsschutz gilt in der Regel eine Beurteilungszeit T_r von 8 Stunden für den Arbeitstag [23].

Der Beurteilungspegel L_r setzt sich zusammen aus dem A-bewerteten äquivalenten Dauerschallpegel $L_{p\mathrm{Aeq}}$ für die Beurteilungszeit T_r und Zu- und Abschlägen K_i zusammen, mit denen weitere Einflussfaktoren berücksichtigt werden. Der Beurteilungspegel L_r wird ermittelt nach Gl. (8):

$$L_r = L_{p\mathrm{Aeq}} + \sum K_i \qquad (12)$$

Folgende Zu- und Abschläge kommen in der nationalen und internationalen Normung zur Anwendung:

K_I Zuschlag für Impulshaltigkeit/auffällige Pegeländerungen in Dezibel;

K_Ton Zuschlag für Tonhaltigkeit in Dezibel;

K_Inf Zuschlag für Informationshaltigkeit in Dezibel;

K_R Zuschlag für Einwirkungen während bestimmter Zeiten in Dezibel;

K_S Zu- oder Abschlag für bestimmte Schallquellenarten oder Situationen in Dezibel;

K_met Zu- oder Abschläge zur Berücksichtigung unterschiedlicher meteorologischer Schallausbreitungsbedingungen in Dezibel.

Welche Faktoren in die Beurteilung einzubeziehen sind, geht aus den anzuwendenden Regelwerken hervor (s. z. B. [12] und [22]) In einigen Vorschriften werden Beurteilungsfaktoren, wie z. B. der Einwirkungsort, durch die Staffelung der Immissionsgrenz- oder -richtwerte berücksichtigt.

Zuschlag K_I für Impulshaltigkeit: Nach DIN 45645-1 [12] werden unter Impulsen Schalle von kurzer Dauer verstanden, deren Pegel nach dem subjektiven Eindruck schnell und kurzzeitig ansteigen. Schalleinwirkungen, die Impulse und auffällige Pegeländerungen enthalten, haben – wie zahlreiche Studien belegen [1], – bei gleichem äquivalenten Dauerschallpegel eine höhere Störwirkung als gleichförmige Schalleinwirkungen. Sie sind von besonderer biologischer Relevanz, weil die menschlichen Sinne auf Reizänderungen sehr stark reagieren. Impulsschalle stören vor allem die Rekreation und die Konzentration.

Immissionsschutz: Der Zuschlag für Impulshaltigkeit lässt sich nach DIN 45645-1 [12] bestimmen:

$$K_\mathrm{I} = L_{p\,\mathrm{AFTeq}} - L_{p\,\mathrm{Aeq}} \qquad (13)$$

Dabei ist

$L_{p\ \mathrm{AFTeq}}$ der A-bewertete Taktmaximalpegel nach DIN 45645-1 [12], in Dezibel;

$L_{p\ \mathrm{Aeq}}$ der A-bewertete äquivalente Dauerschallpegel nach DIN 45641 [17], in Dezibel.

Wenn K_I nicht größer als 2 dB ist, kann in der Regel auf den Zuschlag für Impulshaltigkeit verzichtet werden.

Arbeitsschutz: Der Zuschlag für Impulshaltigkeit kann nach DIN 45645-2 [23] ermittelt werden:

$$\begin{aligned} K_\mathrm{I} &= 0\ \mathrm{dB\ falls}\ \left(L_{p_\mathrm{AIeq}} - L_{p_\mathrm{Aeq}}\right) \\ &= \mathrm{kleiner\ als}\ 3\ \mathrm{dB} \end{aligned}$$

Tab. 2 Zu- und Abschläge in Anlehnung an ISO 1996-1 [14]

Typ	Spezifikation	Pegelkorrekturen[1)]
Quelle	Straßenverkehr Schienenverkehr[2)] Luftverkehr Industrie[4)]	0 dB –3 dB bis –6 dB +3 dB bis +6 dB[3)] 0 dB
Schallmerkmal[6)]	Hochenergieimpulse stark impulshaltig normal impulshaltig tonhaltig	[5)] +12 dB +5 dB +3 dB bis +6 dB
Einwirkungszeit	Abend Nacht Wochenende tags	+5 dB +10 dB +5 dB

1) „–“ steht hier für „Bonus“ und „ +“ steht hier für „Malus“
2) bis 250 km/h
3) In der Ausgabe ISO/DIS 1996-1 von 2014 wird für Luftverkehr ein Zuschlag von 5 dB bis 8 dB vorgeschlagen.
4) Texthinweis, dass umfassende Erhebungen noch fehlen, aus einigen Ländern aber Ergebnisse vorliegen, die einen Zuschlag erforderlich machen
5) korrigierter Schallexpositionspegel für Einzelereignisse:
$L_{RE} = 2\,L_{CE} - 93$ dB für $L_{CE} \geq 100$ dB
$L_{RE} = 1{,}18\,L_{CE} - 11$ dB für $L_{CE} < 100$ dB
6) Der Zuschlag wird nur vergeben, wenn das Merkmal im Gesamtgeräusch wahrnehmbar ist.

$$K_{\mathrm{I}} = L_{p\mathrm{AIeq}} - L_{p\mathrm{Aeq}} \text{falls} \left(L_{p\mathrm{AIeq}} - L_{p\mathrm{Aeq}}\right) = 3\text{ dB bis }6\text{ dB}$$

$$K_{\mathrm{I}} = 6\text{ dB falls} \left(L_{p\mathrm{AIeq}} - L_{p\mathrm{Aeq}}\right) = \text{größer als }6\text{ dB}$$

Dabei ist

$L_{p\mathrm{AIeq}}$ der A-bewertete äquivalente Dauerschallpegel in der Zeitbewertung I, in Dezibel;
$L_{p\mathrm{Aeq}}$ der A-bewertete äquivalente Dauerschallpegel nach DIN 45641 [17], in Dezibel.

In der internationalen Norm ISO 1996-1 [14] werden die in Tab. 2 dargestellten Empfehlungen für Zu- und Abschlägegegeben. Zu den Festlegungen in rechtlichen Regelungen siehe Abschn. Beurteilungskenngrößen.

Zuschlag K_{Ton} für Tonhaltigkeit: Die erhöhte Störwirkung tonhaltiger Geräusche im Vergleich zu breitbandigen Geräuschen gleichen äquivalenten Dauerschallpegels hat sich in zahlreichen Experimenten gezeigt [1, 24].

Der Zuschlag für Tonhaltigkeit K_{Ton} wird nach DIN 45645-1 [12] nach dem Höreindruck ermittelt. Wenn sich aus dem zu beurteilenden Schall mindestens ein Einzelton deutlich hörbar heraushebt, ist je nach Auffälligkeit ein Zuschlag von 3 dB oder 6 dB anzuwenden. Sofern anwendbar bzw. erforderlich, kann auch das Verfahren zur objektiven Erfassung der Tonhaltigkeit und zur Ermittlung des Tonzuschlages nach DIN 45681 [25] zur Anwendung kommen (s. Abschn. Beurteilungskenngrößen).

Zuschlag K_{Inf} für Informationshaltigkeit: Geräuscheinwirkungen gelten als besonders lästig, wenn sie unerwünschte Informationen vermitteln und bewusst oder unbewusst den Mithörern besondere Aufmerksamkeit abverlangen (z. B. bei Lautsprecherdurchsagen und Musikwiedergaben) [26]. Je nach Verständlichkeit und Auffälligkeit wird für die erhöhte Störwirkung ein Lästigkeitszuschlag von 3 dB oder 6 dB vergeben.

Zuschlag K_R für Einwirkungen während bestimmter Zeiten: Geräuscheinwirkungen haben eine erhöhte Störwirkung, wenn sie in Zeiten der Ruhe und Erholung (z. B. nachts, morgens, abends oder an Wochenenden) auftreten [1, 26]. Nach DIN 45645-1 [12] wird die Zeit von 06:00 Uhr bis 07:00 Uhr sowie von 19:00 Uhr bis 22:00 Uhr zu den Ruhezeiten gerechnet, sonn- und feiertags auch die Zeit von 07:00 Uhr bis 19:00 Uhr. Der Zuschlag für Geräuscheinwirkungen in dieser Zeit beträgt 6 dB. Die erhöhte Störwirkung nächtlicher Geräuschimmissionen wird in der Regel durch getrennte Immissionswerte berücksichtigt.

Von besonderer Bedeutung ist der 24-Stunden-Beurteilungspegel L_{den} (Day-Evening-Night), der in der Umgebungslärmrichtlinie der EU [21] ver wendet und entsprechend Gl. (10) in Deutschland wie folgt gebildet wird:

$$L_{\text{den}} = 10 \lg \frac{1}{24} \left[12 \times 10^{\frac{L_T}{10\,\text{dB}}} + 4 \times 10^{\frac{L_A + 5\,\text{dB}}{10\,\text{dB}}} + 8 \times 10^{\frac{L_N + 10\,\text{dB}}{10\,\text{dB}}} \right] \text{dB} \quad (14)$$

Dabei ist

L_T äquivalenter Dauerschallpegel während der Tagesstunden (06:00 Uhr – 18:00 Uhr); in Dezibel;

L_A äquivalenter Dauerschallpegel während der Abendstunden (18:00 Uhr – 22:00 Uhr); in Dezibel;

L_N äquivalenter Dauerschallpegel während der Nachtstunden (22:00 Uhr – 06:00); in Dezibel.

Zu- oder Abschlag K_S für bestimmte Schallquellenarten oder Situationen: Manche Schallquellenarten sind bei gleichem Dauerschallpegel erfahrungsgemäß mehr oder weniger belästigend als andere. Auch gibt es bestimmte Situationen, in denen weitere Auffälligkeitsmerkmale und damit erhöhte Störwirkungen zu berücksichtigen sind, z. B. bei Straßenverkehrslärm in der Nähe von Ampeln. Deshalb wird in manchen nationalen Regelwerken ein Zu- oder Abschlag K_S berücksichtigt (Näheres s. Abschn. Beurteilungskenngrößen).

Zu- oder Abschlag K_{met} zur Berücksichtigung unterschiedlicher meteorologischer Schallausbreitungsbedingungen: Die Größe K_{met} beschreibt die Schallpegeldifferenz, die bei Geräuscheinwirkungen von stationären Schallquellen aufgrund unterschiedlicher Schallausbreitungsbedingungen entsteht. In der Praxis ist die Differenz zwischen den Immissionen bei schallausbreitungsgünstigen Bedingungen und den Immissionen im Jahresmittel von besonderer Bedeutung. Hinweise zur Ermittlung von K_{met} werden in DIN ISO 9613-2 [27] und ISO 1996-2 [28] gegeben.

Kennzeichnungszeit: Für die Beurteilung von Geräuschimmissionen ist es von Bedeutung, für welchen Zeitabschnitt die Geräuschimmissionen beschrieben sind. Dieser Zeitabschnitt wird als Kennzeichnungszeit bezeichnet und ist durch die Aufgabenstellung vorgegeben. Typische Beispiele aus dem Immissionsschutz sind die Tage eines vorgegebenen Prognosejahres, alle Tage, an denen eine schallausbreitungsgünstige Situation zwischen dem Ort der Schallquelle und dem Immissionsort herrscht, oder die Tage, an denen ein bestimmter Betriebszustand der Schallquelle vorherrscht. Im Arbeitsschutz umfasst die Kennzeichnungszeit in der Regel die Arbeitstage. Die Kennzeichnungszeit kann aber auch nur wenige Tage betragen, z. B. wenn die Geräuschimmissionen bei bestimmten Veranstaltungen (Jahrmärkte, Sportveranstaltungen) beurteilt werden sollen (VDI 3723 Blatt 1 [19]).

3.7 Immissionswerte

Der Beurteilungspegel wird zum Vergleich mit Immissionswerten herangezogen, die im Hinblick auf ein bestimmtes Schutzziel festgelegt sind. Schutzziele können im Immissionsschutz z. B. die Vermeidung erheblicher Belästigungen oder im Arbeitsschutz die Verhinderung von Gehörschäden sein.

Je nach rechtlicher Verbindlichkeit oder wissenschaftlichem Erkenntnisstand werden die Immissionswerte als Grenz-, Richt- oder Anhalts- bzw. Orientierungswerte bezeichnet [29].

Grenzwerte liegen insbesondere dann vor, wenn bei ihrem Überschreiten unmittelbar bestimmte Rechtsfolgen eintreten, z. B. wenn wie im Gesetz zum Schutz gegen Fluglärm [30] (Abschn. 5.3) Erstattungsansprüche oder Baubeschränkungen entstehen [30].

Mit Richtwerten lässt sich im Regelfall entscheiden, ob das vorgegebene Schutzziel erreicht oder verletzt ist. Treten im Einzelfall aber Besonderheiten auf, so können zur Erreichung des Schutzzieles Richtwertüberschreitungen zulässig oder Richtwertunterschreitungen notwendig sein. Die im Beiblatt 1 zu DIN 18005 [31] genannten „Orientierungswerte" haben den Charakter von Richtwerten.

Durch den Begriff Anhaltswerte wird zum Ausdruck gebracht, dass es sich um einen Beurteilungsvorschlag handelt, zu dessen umfassender Absicherung noch weitere Erfahrungen gesammelt werden müssen.

Beurteilungsverfahren und Immissionswerte bilden stets eine Einheit. Die Einhaltung des Schutzzieles kann nur überprüft werden, wenn

- die in den jeweiligen Regelwerken genannten Messgrößen
- für eine definierte Kennzeichnungszeit
- mit den vorgeschriebenen Messverfahren
- am maßgeblichen Immissionsort erhoben und
- die Beurteilungsgrößen; z. B. Beurteilungspegel
- nach dem angegebenen Auswerteverfahren ermittelt werden.

3.8 Ermittlung der Geräuschbelastung

Die Ermittlung der Geräuschbelastung kann rechnerisch oder messtechnisch erfolgen. Rechenverfahren werden nicht nur für die Prognose, sondern auch bei großflächigen Darstellungen der Belastungssituation, zum Beispiel im Rahmen von Schallimmissionsplänen [32] eingesetzt.

Bei messtechnischen Erhebungen werden in den neueren Regelwerken Schallpegelmesser gefordert, die die Anforderungen nach DIN EN 61672-1 [6] erfüllen. Darüber hinaus sollten für besondere Messaufgaben (z. B. Ermittlung von $L_{p\mathrm{AFmax}}$-Werten, Taktmaximalpegelverfahren, Pegelhäufigkeitsverteilung) die Zusatzanforderungen nach DIN 45657 [9] eingehalten werden. Es sei angemerkt, dass die internationale Normenreihe für die Anforderungen an Schallpegelmesser 2014 in überarbeiteter Fassung erschien (s. z. B. DIN EN 61672-1 [6]).

Für die Messgrößen sind einzuhaltende Höchstwerte der erweiterten Messunsicherheit der Prüfstelle angegeben. Die Prüfungen und Akzeptanzgrenzen lehnen sich an die Festlegungen in DIN EN 61672-1 [6] und DIN EN 61672-2 [10] an.

In größeren Abständen von der Schallquelle können aufgrund unterschiedlicher Schallausbreitungsbedingungen bei verschiedenen Wetterlagen stark variierende Pegel am Immissionsort auftreten. Die Unterschiede können in 1000 m Entfernung durchaus 20 dB bis 30 dB betragen. Reproduzierbare Ergebnisse erhält man am ehesten, wenn die Messungen bei schallausbreitungsgünstigen Wetterbedingungen (leichter Mitwind von der Schallquelle zum Immissionsort oder Inversionswetterlage) durchgeführt werden. Daher werden diese Messbedingungen bevorzugt. Sie liefern in der Regel die höchsten Immissionspegel. Hinweise für die Planung und Durchführung von Messungen zur Gewinnung repräsentativer Belastungswerte finden sich in VDI 3723 Blatt 1 [19] und VDI 3723 Blatt 2 [20].

Bei der Beurteilung von Lärm in der Nachbarschaft können sich Ergebnisse von wiederholt durchgeführten Schallmessungen u. a. durch Änderung der Emissions- und Ausbreitungsbedingungen wesentlich unterscheiden. In VDI 3723 Blatt 2 [20] werden Verfahren angegeben, welche die reproduzierbare Kennzeichnung der Geräuschimmission bei zeitlich schwankenden Pegeln durch Kennwerte und deren Vertrauensbereiche ermöglichen.

4 Beurteilung tonhaltiger Geräusche

4.1 Allgemeines

Tonhaltige Geräusche werden nach DIN 45645-1 [12] in der Regel nach dem Höreindruck beurteilt (s. Abschn. 3.6). In DIN 45681 [25] wird ein Verfahren zur objektiven Messung der Tonhaltigkeit und zur Bestimmung des Zuschlages für Tonhaltigkeit dargestellt.

Bei diesem Verfahren werden durch eine Schmalbandanalyse zum einen der Tonpegel L_{Ton} und zum andern der Pegel L_{G} des verdeckenden Schalls in der Frequenzgruppe um den Ton

Tab. 3 Bestimmung des Zuschlages für Tonhaltigkeit aus der Differenz ΔL des Tonpegels zum Pegel der Tonhaltigkeitsschwelle nach DIN 45681 [25]

ΔL	Zuschlag für Tonhaltigkeit K_{Ton}
$\Delta L \leq 0$ dB	0 dB
0 dB $< \Delta L \leq$ 2 dB	1 dB
2 dB $< \Delta L \leq$ 4 dB	2 dB
4 dB $< \Delta L \leq$ 6 dB	3 dB
6 dB $< \Delta L \leq$ 9 dB	4 dB
9 dB $< \Delta L \leq$ 12 dB	5 dB
12 dB $< \Delta L$	6 dB

ermittelt. Die Differenz dieser Pegel wird mit der Mithörschwelle von Tönen im Frequenzbandrauschen verglichen. Diese liegt für niedrige Frequenzen (20 Hz – 200 Hz) bei etwa -2 dB und sinkt mit zunehmender Frequenz bis 20 kHz auf -6 dB. Aus der Überschreitung ΔL der Mithörschwelle wird nach Tab. 3 der Zuschlag für Tonhaltigkeit bestimmt.

Das Verfahren ist für Tonfrequenzen über 100 Hz anwendbar und eignet sich insbesondere für automatisch arbeitende Messstationen.

4.2 Bewertung tieffrequenter Geräusche im Immissionsschutz

Schall, dessen Hauptfrequenzanteile im Frequenzbereich unter 90 Hz liegen, werden als tieffrequent bezeichnet; nach DIN 45680 [13] gilt als messtechnisches Kriterium, dass die Differenz der Schallpegel $L_{pCFeq} - L_{pAFeq}$ oder $L_{pCFmax} - L_{pAFmax} > 20$ dB ist. In Änderungsentwürfen zur DIN 45680 [13] werden Vorschläge gemacht, um zum einen andere Kenngrößen und eine abgesenkte Hörschwelle zu verwenden und zum anderen die Trennung der Beurteilung von stark tonhaltigen versus breitbandigen Geräuschen aufzuheben.

Untersuchungen haben gezeigt, dass tieffrequenter Schall anders wahrgenommen wird als Schall bei mittleren und hohen Frequenzen. Die Hörschwelle steigt von 28 dB bei 80 Hz auf 95 dB bei 10 Hz steil an, und die Lautheit erhöht sich mit zunehmendem Schalldruckpegel stärker als bei höheren Frequenzen. Unterhalb von ca. 50 Hz ist

Tab. 4 Hörschwellenpegel L_{HS} in Abhängigkeit von der Terzmittenfrequenz nach DIN 45680 [13]

Terzmittenfrequenz	Pegel L_{HS}
10 Hz	95 dB
12,5 Hz	86,5 dB
16 Hz	79 dB
20 Hz	71 dB
25 Hz	63 dB
31,5 Hz	55,5 dB
40 Hz	48 dB
50 Hz	40 dB
63 Hz	33,5 dB
80 Hz	28 dB

die Tonhöhenempfindung nur sehr schwach ausgeprägt. Der Schall wird dann als Pulsationen und Fluktuationen wahrgenommen, vielfach verbunden mit einem Dröhn- und Druckgefühl. Tieffrequenter Schall ist oft von Sekundäreffekten (z. B. Anregung von Sekundärschall, spürbare mechanische Schwingungen von Gegenständen) begleitet [33].

In DIN 45680 [13] ist daher ein spezielles Verfahren zur Messung und Bewertung tieffrequenterGeräuschimmissionen beschrieben. Da aufgrund von Resonanzphänomenen innerhalb von Räumen Pegelerhöhungen auftreten können, sollen Messungen stets innerhalb der Wohnräume an der lautesten Stelle, wo sich Menschen aufhalten, durchgeführt werden. Erweist sich der Schall als tieffrequent, so soll sein Terzspektrum ($L_{pTerz,eq}$ und $L_{pTerz,Fmax}$) im Frequenzbereich von 10 Hz bis 80 Hz ermittelt werden. Aus $L_{pTerz,eq}$ wird unter Berücksichtigung der Einwirkdauer in der Beurteilungszeit der Terz-Beurteilungspegel $L_{pTerz,r}$ berechnet. Terz-Beurteilungspegel $L_{pTerz,r}$ und $L_{pTerz,Fmax}$ werden mit den zugehörigen Hörschwellenpegeln L_{HS} (s. Tab. 4) verglichen.

Für gewerbliche Anlagen sind im Beiblatt 1 zu DIN 45680 [34] Richtwerte zum Schutz vor erheblichen Belästigungen angegeben. Sie sind nach der Frequenz und der Einwirkzeit gestaffelt und geben an, um wie viel Dezibel die Hörschwellenpegel höchstens überschritten werden dürfen. Die Richtwerte für tieffrequente Schalle mit deutlich hervortretendem Einzelton sind in Tab. 5 wiedergeben.

Tab. 5 Richtwerte für die Beurteilung tieffrequenter Geräuschimmissionen (mit messtechnisch deutlich hervortretenden Einzelton) nach dem Beiblatt zu DIN 45680 [34] (maximal zulässige Überschreitung des Hörschwellenpegels in dB)

	Frequenz			
	10 Hzbis 63 Hz	80 Hz	10 Hzbis 63 Hz	80 Hz
	$L_{p\text{Terzeq}} - L_{\text{HS}}$		$L_{p\text{TerzFmax}} - L_{\text{HS}}$	
Tagesstunden an Werktagen	5 dB	10 dB	15 dB	20 dB
Tagesstunden an Sonn- und Feiertagen sowie Nachtstunden	0 dB	5 dB	10 dB	15 dB

Tab. 6 Zuschlag K_S in dB für die erhöhte Störwirkung von lichtzeichengeregelten Kreuzungen und Einmündungen nach [35]

Abstand des Immissionsortes vom nächsten Schnittpunkt der Achse von sich kreuzenden oder zusammentreffenden Fahrstreifen	**Zuschlag K_S**
bis 40 m	3 dB
über 40 m bis 70 m	2 dB
über 70 m bis 100 m	1 dB
über 100 m	0 dB

5 Quellenbezogene Beurteilungsverfahren

5.1 Straßenverkehr

Beurteilungskenngrößen

Mit dem Erlass der Verkehrslärmschutz-Verordnung [35] ist ein verbindliches Verfahren für die Beurteilung von Straßenverkehrsgeräuschen beim Neubau und wesentlichen Änderungen von Straßen festgelegt worden. Als Beurteilungsgrößen dienen der Beurteilungspegel $L_{r,\text{T}}$ für die Tagesstunden (06:00 Uhr bis 22:00 Uhr) und $L_{\text{r,N}}$ für die Nachtstunden (22:00 Uhr bis 06:00 Uhr).

Der Beurteilungspegel L_{r} setzt sich aus dem äquivalenten Dauerschallpegel $L_{p\text{Aeq}}$ für die jeweilige Beurteilungszeit und einem situationsbezogenen Zuschlag K_{S} zusammen. Der Zuschlag K_{S} soll die erhöhte Störwirkung von lichtzeichengeregelten Kreuzungen und Einmündungen berücksichtigen und kann nach Tab. 6 bis zu 3 dB betragen.

$$L_{\text{r}} = L_{p\text{Aeq}} + K_{\text{S}} \tag{15}$$

Diese Beurteilungsgrößen werden auch für die städtebauliche Planung an Straßen, bei der Lärmsanierung sowie bei der Planung von Schallschutzmaßnahmen an Gebäuden herangezogen.

Bei der Bemessung von Schallschutzmaßnahmen kann zur Kennzeichnung einer erhöhten Störwirkung durch starke Pegelschwankungen zusätzlich der mittlere Maximalpegel der Straßenverkehrsgeräusche von Bedeutung sein. Als Kenngröße dient der 1 %-Überschreitungsperzentilpegel $L_{p\text{AF1}}$.

Für die nationale Umsetzung der EU-Umgebungslärmrichtlinie [21] wird anstelle des Beurteilungspegels für die Tagesstunden der Dauerschallpegel für den ganzen Tag L_{DEN} und für die Nachtzeit der L_{Night} benutzt. Nähere Einzelheiten sind in der 34. BImSchV [36] in Verbindung mit der „Vorläufige Berechnungsmethode für den Umgebungslärm an Straßen" (VBUS) [37] geregelt.

Bei der Beurteilung geht man von rechnerisch ermittelten Belastungen aus (s. Abschn. Rechnerische Ermittlung der Belastung durch Straßenverkehrslärm). Sind aufgrund einer besonderen Aufgabenstellung Messungen auszuführen, sollten diese nach DIN 45642 [38] erfolgen (s. Abschn. Messtechnische Ermittlung der Belastung durch Straßenverkehrslärm).

Rechnerische Ermittlung der Belastung durch Straßenverkehrslärm

In der 16. BImSchV sind zwei Berechnungsverfahren zur Ermittlung von Straßenverkehrsgeräuschen aufgeführt. Davon wird im Regelfall die Belastung nach der „Richtlinie für Lärmschutz an Straßen – RLS 90" [35, 52] bestimmt. Für den Sonderfall eines „langen geraden Fahrstreifens" kann ein vereinfachtes Berechnungsverfahren angewendet werden, das ebenfalls in der Anlage 1 zur 16. BImSchV dargestellt ist.

Der äquivalente Dauerschallpegel $L_{p\text{Aeq}}$ am Immissionsort hängt von der Schallemission der Straße und von den Schallausbreitungsbedingungen ab. Die Stärke der Schallemission der Straße wird unter Berücksichtigung folgender Parameter berechnet: Verkehrsstärke, Lkw-Anteil, zulässige Höchstgeschwindigkeit, Art der Straßenoberfläche und Steigung des Verkehrsweges. Die maßgeblichen Kraftverkehrszahlen werden aus einem Jahresmittelwert bestimmt.

Bei den Schallausbreitungsbedingungen werden neben dem Abstand zwischen dem Emissions- und dem Immissionsort auch die mittlere Höhe des Schallstrahles von der Quelle zum Immissionsort über dem Boden berücksichtigt. Zudem gehen Pegeländerungen durch Luftabsorption, Boden- und Meteorologiedämpfung oder durch topografische Gegebenheiten und bauliche Maßnahmen (z. B. Lärmschutzwälle und -wände) in die Berechnung ein. Die ermittelten Beurteilungspegel gelten für schallausbreitungsgünstige Bedingungen, d. h. leichter Mitwind mit ca. 3 m/s oder Temperaturinversion.

Der Beurteilungspegel wird so bestimmt, dass die ggf. auftretende Reflexion am Gebäude des jeweiligen Immissionsortes (z. B. bei Fassaden, die der Straße zugekehrt sind) unberücksichtigt bleibt. Er entspricht dem Pegel am maßgeblichen Immissionsort bei einem sich frei ausbreitenden Schallfeld, dem so genannten Freifeldpegel.

Im Vergleich zur RLS 90 [35, 52] wurden bei der VBUS [37] kleine Änderungen vorgenommen. So entfällt zum einen der Kreuzungszuschlag und zum anderen wurde die Abgrenzung zwischen Pkw und Lkw von 2,8 t auf 3,5 t geändert. Öffentliche Parkplätze werden in der VBUS [37] nicht berücksichtigt. Hinsichtlich der Schallausbreitung stellt die VBUS [37] explizit auf die DIN ISO 9613-2 ab. Weitere Erläuterungen zu den Unterschieden zwischen RLS 90 [35, 52] und VBUS [37] sind in [40] zu finden.

Messtechnische Ermittlung der Belastung durch Straßenverkehrslärm

Das Verfahren zur Messung von Straßenverkehrsgeräuschen ist in DIN 45642 [38] beschrieben. Die maßgebliche Kenngröße ist der äquivalente Dauerschallpegel $L_{p\mathrm{Aeq}}$.

Messort und -zeit richten sich nach der jeweiligen Aufgabenstellung. Der Freifeldpegel kann bei bebauten Straßenrändern näherungsweise 0,5 m außen vor der Mitte eines geöffneten Fensters, ggf. auch in Baulücken, bestimmt werden. Bei Messungen vor der Hauswand sollte entsprechend DIN 45642 [38] der Einfluss der Reflexion am Gebäude korrigiert werden, um den Freifeldpegel zu erhalten.

Die Dauer der Messung von Straßenverkehrsgeräuschen hängt von der Verkehrsstärke ab. Bei dichtem Verkehr von mehr als 400 Kfz je Stunde mit einem Lkw-Anteil bis 10 % reicht im Allgemeinen eine Messdauer von ca. fünf Minuten aus. Bei schwachem Verkehr, z. B. nachts oder auf ruhigen Wohnstraßen, sollte dagegen die Messdauer mindestens 30 Minuten betragen.

Die Messergebnisse nach DIN 45642 [38] können von berechneten Werten deutlich abweichen, wenn die den Berechnungen zugrunde liegenden Randbedingungen, wie z. B. die Jahresdurchschnittswerte für die Verkehrsstärke, der Lkw-Anteil oder die Geschwindigkeit, nicht berücksichtigt werden. Daher müssen die Messergebnisse ggf. nach den Vorgaben der RLS 90 [39] umgerechnet werden.

Auch für die Bestimmung der Geräusche auf Wasserverkehrsstraßen im Binnenland kann die DIN 45642 [38] herangezogen werden. In der Praxis ist es jedoch mitunter schwierig, die Emissionspegel nach dieser Norm zu ermitteln. Für diesen Fall empfiehlt die DIN 18005-1 [41] die Geräuschimmissionen des gewerblichem Schiffsverkehrs auf Flüssen und Kanälen auf Basis der RLS 90 [39] zu berechnen. Dazu wird angenommen, dass ein Motorschiff oder Schleppverband drei Lkw mit einer Geschwindigkeit von $v = 80$ km/h entspricht.

Städtebauliche Planung an Straßen und Autobahnen

Für die Beurteilung von Straßenverkehrsgeräuschen im Rahmen der städtebaulichen Planung ist die DIN 18005-1 [41] wichtig. Das Beiblatt 1 zu dieser Norm [31] enthält die in Tab. 7 angegebenen Orientierungswerte für einzuhaltende Beurteilungspegel außen. Sie sind nach Baugebieten entsprechend der Baunutzungsverordnung [42] und nach Einwirkungen tags und nachts gegliedert. Die Beurteilungspegel für verschiedene Schallquellenarten (Verkehr, Industrie und Gewerbe, Freizeiteinrichtungen) sollen wegen der unterschiedlichen Lärmwirkungen der verschiedenen Quellenarten jeweils für

Tab. 7 Schalltechnische Orientierungswerte für die städtebauliche Planung nach Beiblatt 1 zu DIN18005-1 [31]

Immissionsort	Orientierungswerte	
	Tag	Nacht
a) reine Wohngebiete (WR), Wochenendhausgebiete, Ferienhausgebiete	50 dB	40(35)[1] dB
b) allgemeine Wohngebiete (WA), Kleinsiedlungsgebiete (WS) und Campingplatzgebiete	55 dB	45(40)[1)] dB
c) Friedhöfe, Kleingartenanlagen, Parkanlagen	55 dB	55 dB
d) besondere Wohngebiete (WB)	60 dB	45(40)[1)] dB
e) Dorfgebiete (MD), Mischgebiete (MI)	60 dB	50(45)[1)] dB
f) Kerngebiete (MK), Gewerbegebiete (GE)	65 dB	55(50)[1)] dB
g) bei sonstigen Sondergebieten, soweit sie schutzbedürftig sind, je nach Nutzungsart	45 dB-65 dB	35 dB -65 dB
h) Industriegebiete (GI)	keine Werte angegeben[2)]	keine Werte angegeben[2)]

[1)]Bei zwei angegebenen Nachtwerten gilt der niedrigere für Industrie-, Gewerbe- und Freizeitlärm sowie für Schall von vergleichbaren öffentlichen Betrieben

[2)] s. aber Abschn. 3.5.2 in DIN 18005-1 [41]

sich allein mit den Orientierungswerten verglichen und nicht addiert werden. Innerhalb der Schallquellenarten werden die Immissionen verschiedener Schallquellen jedoch zusammengefasst.

Die im Beiblatt 1 der DIN 18005-1 [41] angegebenen Orientierungswerte sollen einen angemessenen Schallschutz bei der städtebaulichen Planung ermöglichen. Die Orientierungswerte für Wohngebiete bieten einen weitreichenden Schutz vor den Auswirkungen des Lärms. Nach Erkenntnissen der Lärmwirkungsforschung ist oberhalb dieser Werte zunehmend mit Beeinträchtigungen des psychischen und sozialen Wohlbefindens zu rechnen [41]. Bei nächtlichen Beurteilungspegeln über 45 dB ist selbst bei nur teilweise geöffneten Fenstern häufig ein ungestörter Schlaf nicht mehr möglich. Daher sollten die Orientierungswerte möglichst unterschritten werden, um besonders empfindliche Nutzungen zu schützen sowie ruhige Wohnlagen zu schaffen bzw. zu erhalten.

Die Orientierungswerte sind aber keine Grenzwerte, die streng einzuhalten sind. In vorbelasteten Bereichen, insbesondere bei bestehenden Verkehrswegen können die Orientierungswerte bei Überwiegen anderer in der städtebaulichen Planung zu berücksichtigender Belange überschritten werden. In diesen Fällen sollte möglichst ein Ausgleich durch andere geeignete Maßnahmen geschaffen werden. Hierzu gehören z. B. eine geeignete Gebäudeanordnung oder bauliche Schallschutzmaßnahmen.

Lärmschutz an Straßen

Für den Neubau und die wesentliche Änderung von öffentlichen Straßen sind in der „Verkehrslärmschutzverordnung – 16. BImSchV" [35] Immissionsgrenzwerte festgelegt worden, die am maßgeblichen Immissionsort nicht überschritten werden dürfen. Der maßgebliche Immissionsort liegt vor Gebäuden mit zu schützenden Räumen in der Höhe ihrer Geschossdecke, und zwar 0,2 m über der Fensteroberkante. Bei Außenwohnbereichen (Balkone, Loggien, Terrassen u. ä.) liegt der maßgebliche Immissionsort 2 m über der Mitte der als Außenwohnbereich genutzten Fläche.

Eine wesentliche Änderung liegt vor, wenn

- eine Straße um einen oder mehrere Fahrstreifen für den Kraftverkehr erweitert wird,
- durch einen erheblichen baulichen Eingriff der von dem zu ändernden Verkehrsweg ausgehende Verkehrslärm um mindestens 3 dB oder auf mindestens 70 dB am Tage oder mindestens 60 dB in der Nacht erhöht wird,
- der Beurteilungspegel des von dem zu ändernden Verkehrsweg ausgehenden Verkehrslärms von mindestens 70 dB am Tage oder 60 dB in der Nacht durch einen erheblichen baulichen Eingriff erhöht wird. Dies gilt nicht in Gewerbegebieten.

Die Immissionsgrenzwerte nach Tab. 9 dienen dem Schutz der Nachbarschaft vor schädlichen Umwelteinwirkungen. Sie sind nach der Tageszeit und der Lage der Immissionsorte in einem Baugebiet entsprechend der [42] gestaffelt. Die Zuordnung der Immissionsgrenzwerte richtet sich nach den Festsetzungen in den Bebauungsplänen.

Tab. 8 Immissionsgrenzwerte für den Neubau und die wesentliche Änderung von öffentlichen Straßen und Schienenwegen nach der 16. BImSchV [35]

Immissionsort	Immissionsgrenzwerte	
	Tag	Nacht
Krankenhäuser, Schulen, Kurheime, Altenheime	57 dB	47 dB
reine und allgemeine Wohngebiete, Kleinsiedlungsgebiete	59 dB	49 dB
Kern-, Dorf-, Mischgebiete	64 dB	54 dB
Gewerbegebiete	69 dB	59 dB

Tab. 9 Immissionsgrenzwerte für Lärmschutz an bestehenden Bundesfernstraßen nach VLärmSch97 [43]

Immissionsort	Immissionsgrenzwerte[a])	
	tags	nachts
Krankenhäuser, Schulen, Kurheime, Altenheime, reine und allgemeine Wohngebiete, Kleinsiedlungsgebiete	70 dB	60 dB
Kern-, Dorf-, Mischgebiete	72 dB	62 dB
Gewerbegebiete	75 dB	65 dB

[a]) Die Auslösegrenzwerte für Lärmsanierung an Bundesfernstraßen wurden im März 2010 gegenüber den Ausgangswerten um 3 dB abgesenkt

Gebiete, für die keine Festsetzungen bestehen, sind entsprechend der tatsächlichen Schutzwürdigkeit zu beurteilen. Erholungsgebiete fallen nicht unter den juristischen Begriff „Nachbarschaft" [44]. Dementsprechend sind in der Verordnung für diese Gebiete keine Schutzmaßnahmen vorgesehen.

Immissionsgrenzwerte für den Neubau und die wesentliche Änderung von öffentlichen Straßen und Schienenwegen nach der 16. BImSchV [35] sind in Tab. 8 angegeben.

Werden beim Neubau oder der wesentlichen Änderung von öffentlichen Straßen die Immissionsgrenzwerte nach Tab. 9 überschritten, regelt die „Verkehrswege-Schallschutzmaßnahmenverordnung – 24. BImSchV" [45] die Art und den Umfang der Schallschutzmaßnahmen (s. Abschn. Baulicher Schallschutz).

Die Ermittlung der Geräuschbelastung an Straßen erfolgt anhand der RLS 90 [39].

Eine umfassende Regelung zum Lärmschutz an bestehenden Straßen (Lärmsanierung) gibt es bislang nicht. Für Bundesfernstraßen in der Baulast des Bundes liegen die Richtlinien des Bundesministeriums für Verkehr und digitale Infrastruktur [43] vor. Danach kommen Lärmsanierungsmaßnahmen – in der Regel Schallschutzmaßnahmen an den betroffenen Gebäuden – in Betracht, wenn am maßgeblichen Immissionsort der nach RLS 90 [39] berechnete Beurteilungspegel die in Tab. 9 dargestellten Immissionsgrenzwerte überschreitet. Einige Bundesländer wenden diese Werte auch für Landesstraßen an.

Baulicher Schallschutz

Wenn durch planerische, verkehrsrechtliche und bauliche Maßnahmen an der Straße keine günstige Umfeldsituation geschaffen werden kann, sollte sichergestellt werden, dass zumindest das Leben innerhalb der Wohnung frei von erheblichen Belästigungen durch Lärm von außen ist. Hierzu müssen vor allem Beeinträchtigungen der Kommunikation und des Schlafes vermieden werden. Dies ist in der Regel erreicht, wenn die durch den Straßenverkehr in der Wohnung verursachten Schallpegel während Kommunikationssituationen 40 dB ($L_{p\mathrm{Aeq}}$) und beim Schlaf 30 dB ($L_{p\mathrm{Aeq}}$) bzw. 40 dB ($L_{p\mathrm{AFmax}}$) nicht überschreiten [1, 46].

Das erforderliche bewertete Schalldämm-Maß $R'_{\mathrm{w,ges}}$ der Umfassungsbauteile von Räumen wird aus dem maßgeblichen Außenschallpegel L_a und dem angestrebten Innenpegel L_i nach VDI 2719 [47] wie folgt ermittelt:

$$R'_{\mathrm{w,\,ges}} = L_\mathrm{a} - L_\mathrm{i} + 10\lg\frac{S_\mathrm{g}}{A} + K + W \qquad (16)$$

Dabei ist

L_a maßgeblicher A-bewertete Außenschallpegel vor der Außenfläche, in Dezibel;

L_i A-bewerteter Innenschallpegel, der im Raum nicht überschritten werden sollte, in Dezibel;

S_g vom Raum aus gesehene gesamte Außenfläche in m^2 (Summe aller Teilflächen);

A äquivalente Absorptionsfläche des Raumes in m^2 ($A = 0{,}8 \times$ Gesamtgrundfläche);

K Korrektursummand, der sich aus dem Spektrum des Außengeräusches und der Frequenzabhängigkeit der Schalldämm-Maße von Fenstern ergibt, in Dezibel;

W Winkelkorrektur (im Allgemeinen zu vernachlässigen), in Dezibel.

Der maßgebliche Außenlärmpegel L_a wird nach Gl. (13) aus dem Freifeldpegel $L_{r,T}$ oder $L_{r,N}$ bestimmt, z. B.

$$L_a = L_0 + 3\,\mathrm{dB} \quad (17)$$

Der Korrektursummand von 3 dB berücksichtigt pauschal, dass die Dämmwirkung von Bauteilen bei Linienschallquellen und üblichen Schalleinfallsrichtungen in der Praxis geringer ausfällt als bei Prüfmessungen im diffusen Schallfeld [47].

Verkehrslärm-Schallschutzmaßnahmenverordnung (24. BImSchV)

Werden im Rahmen der Anwendung der 16. BImSchV Schallschutzmaßnahmen notwendig, so legt die 24. BImSchV [45] die erforderlichen Schallschutzmaßnahmen für schutzbedürftige Räume in baulichen Anlagen fest. Dazu sind die Schalldämmung von Umfassungsbauteilen so zu verbessern, dass die gesamte Außenfläche des Raumes das nach der Gl. (12) bestimmte erforderliche bewertete Schalldämm-Maß $R'_{w,ges}$ nicht unterschreitet. Die Berechnung erfolgt in Anlehnung an die VDI 2719 [47]. In Tab. 10 sind die einzusetzenden Werte für den Korrektursummanden K aus Gl. (12) zusammengestellt.

In DIN 4109 [50] sind Mindestanforderungen an die Luftschalldämmung von Außenbauteilen festgelegt mit dem Ziel, Menschen in Aufenthaltsräumen vor unzumutbaren Belästigungen zu schützen. Durch die bauaufsichtliche Einführung dieser Norm in einigen Bundesländern sind diese Anforderungen bei Neubauvorhaben verbindlich. Die erforderlichen Schalldämmwerte richten sich allein nach der Geräuschbelastung in den Tagesstunden von 06:00 Uhr bis 22:00 Uhr.

Der maßgebliche Außenschallpegel L_a wird in der Regel anhand eines Nomogrammes für straßentypische Situationen anhand der DIN 4109 [50] bzw. der DIN 18005-1 [41] bestimmt. In besonderen Fällen kann L_a auch messtechnisch nach DIN 45642 [38] ermittelt werden. Hierbei muss von der bei der Messung vorliegenden Verkehrsbelastung auf die durchschnittliche Verkehrsstärke und -zusammensetzung sowie die zulässige Höchstgeschwindigkeit umgerechnet werden. Für diese

Tab. 10 Korrektursummanden zur Berücksichtigung der unterschiedlichen Spektren verschiedener Verkehrslärmquellenarten im Hinblick auf die Dämmwirkung von Außenbauteilen nach [48]

Verkehrsquellenart	Korrektursummand K
Innerstädtische Straßen	6 dB
Straßen im Außerortsbereich	3 dB
Schienenwege von Eisenbahnen allgemein	0 dB
Schienenwege von Eisenbahnen, bei denen in der Beurteilungszeit mehr als 60 % der Züge klotzgebremste Güterzüge sind, sowie Verkehrswege der Magnetschwebebahnen	2 dB
Schienenwege von Eisenbahnen, auf denen in erheblichem Umfang Güterzüge gebildet oder zerlegt werden	4 dB
Schienenwege von Straßenbahnen nach § 4 PBefG [49]	3 dB

Umrechnung wird ein Jahres-mittelwert unter Berücksichtigung der künftigen Verkehrsentwicklung in den kommenden fünf bis zehn Jahren verwendet. Sofern der Messort in der Nähe von lichtzeichengeregelten Kreuzungen oder Einmündungen liegt und ein Freifeldpegel gemessen wird, kommen noch Zuschläge nach Gl. (11) und Gl. (13) hinzu. Bei starken Pegelschwankungen von $L_{pAF1\%,} - L_{pAeq} > 10$ dB kann zur Berücksichtigung der erhöhten Störwirkung anstatt des Beurteilungspegels L_r die Kenngröße $L_{pAF1\%,} - 10$ dB in Gl. (13) verwendet werden.

Bei einer Überlagerung der Immissionen mehrerer Quellen des Straßenverkehrslärms wird der maßgebliche Außenlärmpegel wie folgt berechnet:

$$L_{a,\,res} = 10\lg\left(\sum 10^{0,1 L_{a,i}/\mathrm{dB}}\right)\mathrm{dB} \quad (18)$$

$L_{a,i}$ maßgebliche Außenlärmpegel der i-ten Quelle, in Dezibel

N Anzahl der zu berücksichtigenden Quellen

Die Anforderungen der DIN 4109 [50] für Straßenverkehrslärm sind so bemessen, dass

Tab. 11 Anhaltswerte für Innenschallpegel für von außen in Aufenthaltsräume eindringenden Schall nach VDI 2719 [47]

Raumart	äquivalenter Dauerschallpegel L_{pAeq} [1)]	Mittlerer Maximalpegel $L_{pAFmax,m}$
1) Schlafräume nachts[2)]		
in reinen und allgemeinen Wohngebieten, Krankenhaus- und Kurgebieten	25 dB – 30 dB	35 dB – 40 dB
in allen übrigen Gebieten	30 dB – 35 dB	40 dB – 45 dB
2) Wohnräume tagsüber		
in reinen und allgemeinen Wohngebieten, Krankenhaus- und Kurgebieten	30 dB – 35 dB	40 dB – 45 dB
in allen übrigen Gebieten	35 dB – 40 dB	45 dB – 50 dB
3) Kommunikations- und Arbeitsräume tagsüber		
Unterrichtsräume, ruhebedürftige Einzelbüros, wissenschaftliche Arbeitsräume, Bibliotheken, Konferenz- und Vortragsräume, Arztpraxen, Operationsräume, Kirchen, Aulen	30 dB – 40 dB	40 dB – 50 dB
Büros für mehrere Personen	35 dB – 45 dB	45 dB – 55 dB
Großraumbüros, Gaststätten, Schalterräume, Läden	40 dB – 50 dB	50 dB – 60 dB

[1)] Für Fluglärm äquivalenter Dauerschallpegel nach Fluglärmschutzgesetz [30]
[2)] Hierbei ist von der lautesten Nachtstunde zwischen 22:00 Uhr und 06:00 Uhr auszugehen

die äquivalenten Dauerschallpegel während der Tagesstunden in Aufenthaltsräumen in Wohnungen in der Regel 35 dB nicht überschreiten. Für Bettenräume in Krankenhäusern und Sanatorien gelten um 5 dB strengere Anforderungen. In Büroräumen sind dagegen die Anforderungen nach DIN 4109 [50] um 5 dB schwächer.

VDI 2719 [47]: In VDI 2719 [47] sind Anhaltswerte für Innenschallpegel L_i genannt, die nicht überschritten werden sollten (s. Tab. 11). Sie sind nach Nutzungszweck und -zeit der zu schützenden Räume sowie nach der Lage der Gebäude in Baugebieten gestaffelt. Da der äquivalente Dauerschallpegel L_{pAeq} des Straßenverkehrs in der lautesten Nachtstunde typischerweise 5 dB niedriger ist als während der Tagesstunden, entsprechen die Anforderungen für Wohn- und Schlafräume in Gebäuden, die in reinen und allgemeinen Wohngebieten liegen, etwa denen der DIN 4109 [50].

Für eine weitergehende Anpassung des notwendigen Schallschutzes an subjektive Wahrnehmbarkeiten definieren die Empfehlungen der DEGA [51] sieben Schallschutzklassen für die Bewertung von Wohnräumen oder Gebäuden mit Wohnräumen.

5.2 Schienenverkehr

Beurteilungskenngrößen

Bei der Beurteilung der Geräusche des Schienenverkehrs geht man in der Regel von rechnerisch ermittelten Belastungen aus. Dabei wird nach der „Verkehrslärmschutzverordnung – 16. BImSchV“ [52] der Beurteilungspegel $L_{r,T}$ für die Tagesstunden von 06:00 Uhr bis 22:00 Uhr und der $L_{r,N}$ für die Nachtstunden von 22:00 Uhr bis 06:00 Uhr verwendet. Der Beurteilungspegel wurde bis zur Novellierung der 16. BImSchV [35] im Jahr 2014 aus dem äquivalenten Dauerschallpegel L_{pAeq} und einem quellenbezogenen Abschlag von 5 dB („Schienenbonus“) gebildet. „Mit der Novellierung wurde der Schienenbonus für die Anwendungsfälle der Verkehrslärmschutzverordnung abgeschafft, und zwar ab 2015 für Eisenbahnen und ab 2019 für Straßenbahnen“ [52, 143].

Rechnerische Ermittlung der Belastung durch Schienenverkehr

Das Berechnungsverfahren zur Ermittlung der Schienenverkehrsgeräusche ist ausführlich in der Schall 03 (2014) dargestellt, die als Anlage 2 zu § 4 der Verkehrslärmschutzverordnung [52] veröffentlicht ist. Das Verfahren unterscheidet sich wesentlich von der Schall 03 (1990). Bisher wurde die Schallemission durch den Schalldruckpegel L_{mE} in einem Abstand von 25 m und in einer Höhe von 3,5 m über der Gleisachse beschrieben. Dazu wurde ein „Grundwert“ von 51 dB durch Zu- und Abschläge für Fahrzeugarten, Geschwindigkeiten, Zuglängen etc. verändert, um den Wert der Schallemission zu ermitteln. Nunmehr wird erstmalig ein spektrales Mehrquellenemissions-Ersatzmodell verwendet. Dabei setzt sich die Schallemission aus vier Schienenschallquellenarten zusammen, und zwar dem Rollgeräusch, dem aerodynamischen Geräusch, dem Aggregatgeräusch und dem Antriebsgeräusch. Die Schallemission wird differenziert für einzelne Schallquellen unterschiedlicher Fahrzeuge durch den Pegel der längenbezogenen Schallleistung in Oktavbändern beschrieben. Dazu wurde die Ermittlung der Schallemission von der Zuglänge auf die Anzahl Fahrzeuge in Verbindung mit der Anzahl der Achsen umgestellt. Auffälligkeiten von Schienenverkehrsgeräuschen wie Ton-, Impuls- oder Informationshaltigkeit werden durch Zuschläge auf die Schallemission und nicht mehr auf die Schallimmission berücksichtigt.

Der äquivalente Dauerschallpegel $L_{p\mathrm{Aeq}}$ am Immissionsort hängt sowohl von der Schallemission des Schienenweges als auch von den Schallausbreitungsbedingungen ab. Die Stärke der Schallemission des Schienenweges wird in der Schall 03 (2014) [52] im Wesentlichen unter Berücksichtigung der Parameter Verkehrszusammensetzung, Geschwindigkeitsklassen, Fahrbahnart, Fahrflächenzustand berechnet. Die Schallausbreitungsrechnung erfolgt nach der DIN ISO 9613-2 [27] mit Modifikationen. Der äquivalente Dauerschallpegel $L_{p\mathrm{Aeq}}$ wird wie folgt bestimmt:

$$L_{pAeq} = 10\lg\left(\sum_{f,h,k_S,w} 10^{0,1\left(L_{WA,f,h,k_S}+D_{I,k_S,w}+D_{\Omega,k_S}-A_{f,h,k_S,w}\right)}\right)\mathrm{dB} \quad (19)$$

Dabei ist

f Zähler für Oktavband;

h Zähler für Höhenbereich;

k_S Zähler für Teilstück oder einen Abschnitt davon;

w Zähler für unterschiedliche Ausbreitungswege;

$L_{W\mathrm{A},f,h,k_S}$ A-bewerteter Schallleistungspegel der Punktschallquelle in der Mitte des Teilstücks k_S, der die Emission aus dem Höhenbereich h angibt, in Dezibel;

$D_{I,k_S,w}$ Richtwirkungsmaß für den Ausbreitungsweg w in Dezibel;

D_{Ω,k_S} Raumwinkelmaß nach der Gleichung in Dezibel;

$A_{f,h,k_S,w}$ Ausbreitungsdämpfungsmaß im Oktavband f im Höhenbereich h vom Teilstück k_S längs des Weges w in Dezibel.

Die Ermittlung der Geräuschbelastung in der Umgebung von Rangier- und Umschlagbahnhöfen erfolgt analog zur Gl. (15), wobei zusätzliche Punkt- und Flächenquellen zur Beschreibung der Schallemission einbezogen werden.

Vorläufige Berechnungsmethode für den Umgebungslärm an Schienenwegen: Für die Berechnung der Geräuschbelastung an Schienenwegen nach der EU-Umgebungslärmrichtlinie [21] wird die „Vorläufige Berechnungsmethode für den Umgebungslärm an Schienenwegen“ (VBUSch) [37] verwendet. Sie beruht auf dem Berechnungsverfahren der Schall 03 (1990) [142], das in verschiedenen Punkten modifiziert wurde. So wurde in der VBUSch [37] ein aerodynamischer Zuschlag für Zuggeschwindigkeiten über 200 km/h eingeführt. Darüber hinaus wird der Fahrbahnzuschlag von 2 dB auch bei Holzschwellen angesetzt und die Schallausbreitung explizit nach der DIN ISO 9613-2 [27] berechnet.

Es ist geplant, die VBUSch [37] im Jahr 2019 durch ein Verfahren zu ersetzen, das für die nationale Umsetzung des harmonisierten EU-Bewertungsverfahrens „CNOSSOS-EU“ [53] entwickelt wurde.

Messtechnische Ermittlung der Belastung durch Schienenverkehrslärm

Schienenverkehrsgeräusche werden in der Regel berechnet. Sofern aufgrund einer besonderen Aufgabenstellung diese Geräusche gemessen werden sollen, sollten die Messungen nach DIN 45642 [38] vorgenommen werden. Die

Messgröße ist der Einzelereignispegel während einer Zugvorbeifahrt. Die Messdauer ist so zu wählen, dass sich der Pegel während der Zugvorbeifahrt aus dem Fremdgeräusch um mindestens 5 dB heraushebt. Unter Berücksichtigung der Verkehrsstärke jeder Zugart wird der äquivalente Dauerschallpegel berechnet. Dabei ist je Gleis eine Mindestzahl an Zugvorbeifahrten festgelegt, z. B. 20 bei Güterzügen. Bei Vorwissen über die zugartabhängige Gleisbelegung kann auf die Messung einzelner Zugarten verzichtet werden, wenn diese voraussichtlich nicht relevant zum äquivalenten Dauerschallpegel beitragen.

Städtebauliche Planung von Schienenwegen

Für die Beurteilung von Schienenverkehrslärm im Rahmen der städtebaulichen Planung ist die DIN 18005-1 [41] eine wichtige Grundlage. Die Ausführungen in Abschn. Städtebauliche Planung an Straßen und Autobahnen zum Straßenverkehrslärm gelten für Schienenverkehrslärm entsprechend.

Lärmschutz an Schienenwegen

Die Verkehrslärmschutzverordnung [52] enthält für den Neubau oder die wesentliche Änderung von öffentlichen Schienenwegen der Eisenbahnen und Straßenbahnen dieselben Immissionsgrenzwerte (s. Tab. 9) wie für Straßen. Die Ermittlung der Geräuschbelastung erfolgt anhand der Schall 03 (2014) [52]. Änderungen von Schienenwegen gelten als wesentlich, wenn

- ein Schienenweg um ein oder mehrere durchgehende Gleise baulich erweitert wird,
- durch einen erheblichen baulichen Eingriff der Beurteilungspegel des von dem zu ändernden Verkehrsweg ausgehenden Verkehrslärms um mindestens 3 dB oder auf mindestens 70 dB am Tage oder mindestens 60 dB in der Nacht erhöht wird,
- der Beurteilungspegel des von dem zu ändernden Verkehrsweges ausgehenden Verkehrslärms von mindestens 70 dB am Tage oder 60 dB in der Nacht durch einen erheblichen baulichen Eingriff erhöht wird. Dies gilt nicht in Gewerbegebieten.

Für Lärmminderungsmaßnahmen an bestehenden Schienenwegen des Bundes hat die Bundesregierung ein Sanierungsprogramm aufgelegt, für das ab dem Jahr 2014 ca. 120 Millionen € pro Jahr bereitgestellt werden sollen. Von den rund 3700 Kilometern Schienenwegen, die hinsichtlich der Lärmsituation als sanierungswürdig eingestuft wurden, sind bisher ca. 35 % saniert worden (Stand 2014). Für das Programm gelten die Sanierungswerte nach Tab. 9.

Baulicher Schallschutz

Verkehrslärm-Schallschutzmaßnahmenverordnung (24. BImSchV) [45]: Ergeben sich beim Neubau oder der wesentlichen Änderung von Schienenwegen Richtwertüberschreitungen der „Verkehrslärmschutzverordnung – 16. BImSchV“ [35], so regelt die „Verkehrswege-Schallschutzmaßnahmenverordnung – 24. BImSchV“ [45] die Art und den Umfang der Schallschutzmaßnahmen. Die Regelungen entsprechend denen zur Minderung des Straßenverkehrslärms. Daher gelten die Aussagen in Abschn. Baulicher Schallschutz entsprechend.

Bei der Ermittlung der Mindestanforderungen an die Luftschalldämmung von Außenbauteilen nach DIN 4109 [50] wird der maßgebliche Außenlärmpegel L_a für die Tagesstunden von 06:00 Uhr bis 22:00 Uhr in der Regel rechnerisch nach DIN 18005-1 [41] bestimmt und ist um 3 dB zu erhöhen. In besonderen Fällen können die Geräuschbelastungen auch nach DIN 45642 [38] gemessen werden. Die dabei gewonnenen Ergebnisse sind auf die durchschnittliche Verkehrsstärke und -zusammensetzung (Jahresmittelwert) unter Berücksichtigung der Verkehrsentwicklung in den kommenden fünf bis zehn Jahren umzurechnen.

Mit Hilfe der Mindestanforderungen an den baulichen Schallschutz nach DIN 4109 [50] lassen sich gemäß Gl. (12) die äquivalenten Dauerschallpegel im Innenraum näherungsweise bestimmen. Sie liegen während der Tagesstunden in Wohnungen, Unterrichtsräumen u. ä. in der Regel nicht höher als 35 dB.

Der mittlere Maximalpegel $L_{p\mathrm{AFmax,m}}$ kann nach DIN 4109 [50] zur Kennzeichnung einer erhöhten Störwirkung herangezogen werden, wenn mindestens 30 repräsentative Schallereignisse in den Tagesstunden den äquivalenten Dauerschallpegel um 15 dB überschreiten und die Differenz zwischen dem mittleren Maximalpegel und dem äquivalenten Dauerschallpegel größer als 15 dB ist. In diesem Fall ist statt dem Beurteilungspegel L_r die Kenngröße $L_{pAFmax,m}$ – 20 dB für die Ermittlung des maßgeblichen Außenlärmpegels zu verwenden.

VDI 2719 [47]: Die Anhaltswerte nach VDI 2719 [47] (s. Tab. 11) gelten unabhängig von der Schallquellenart. Im Vergleich zur DIN 4109 [50] können sich höhere Anforderungen an den baulichen Schallschutz ergeben.

5.3 Luftverkehr

Beurteilungskenngrößen

Die Beurteilung von Luftverkehrsgeräuschen (Fluglärm) hängt von dem jeweiligen Anwendungsfall und den zugehörigen Rechtsvorschriften ab. Daher gibt es in den deutschen Regelwerken kein einheitliches Verfahren zur Beurteilung von Fluglärm.

Für das Gesetz zum Schutz gegen Fluglärm (FluLärmG) [30] sind drei akustische Kenngrößen maßgeblich, und zwar der äquivalente Dauerschallpegel für den Tag (06:00 Uhr bis 22:00 Uhr), der äquivalente Dauerschallpegel für die Nacht (22:00 Uhr bis 06:00 Uhr) sowie ein Häufigkeits-Maximalpegelkriterium (Number above Threshold, NAT). Dieses Kriterium legt die zulässige Häufigkeit von Schallereignissen mit Maximalpegeln über einem bestimmten Schwellenwert fest. Die Kenngrößen dienen vor allem der Berechnung von Lärmschutzbereichen in der Umgebung von Flugplätzen. Sie werden aber auch für die Ermittlung von Planungszonen zur Siedlungsentwicklung an Flugplätzen genutzt [54].

Im Rahmen von luftrechtlichen Genehmigungs- bzw. Planfeststellungsverfahren für den Neu- oder Ausbau von Flughäfen wird direkt in § 8 LuftVG [55] auf die jeweils anzuwendenden Werte des FluLärmG [30] verwiesen.

Für die Beurteilung der Fluglärmbelastung an Flugplätzen, die nicht unter den Anwendungsbereich des FluLärmG [30] fallen, wird eine Einzelfallbewertung vorgenommen. Dabei wird häufig eine Leitlinie der Bundesländer mit dem Titel „Hinweise zu Fluglärm an Landeplätzen" [54] in Verbindung mit der DIN 45684-1 [56] verwendet. Als Kenngrößen werden die unkorrigierten äquivalenten Dachschallpegel aus dem FluLärmG [30] benutzt. Für die Ermittlung des erforderlichen baulichen Schallschutzes werden mitunter als Zusatzkriterium die (mittleren) Maximalpegel $L_{pASmax,(m)}$ der Überflüge herangezogen.

Als Kenngrößen für die nationale Umsetzung der EU-Umgebungslärmrichtlinie [21] werden neben dem A-bewerteten äquivalenten Dauerschallpegel für die Nacht (22:00 Uhr bis 6:00 Uhr) L_{Night} auch der Dauerschallpegel für den ganzen Tag L_{DEN} benutzt. Nähere Einzelheiten sind in der 34. BImSchV [36] in Verbindung mit der „Vorläufige Berechnungsmethode für den Umgebungslärm an Flugplätzen" (VBUF) [37] geregelt. Mittelfristig werden diese Beurteilungskenngrößen auch im Rahmen von Verfahren zur Genehmigung von Flugplätzen in Europa an Bedeutung gewinnen.

Die beiden Beurteilungskenngrößen L_{DEN} mit einer Beurteilungszeit von 24 Stunden und L_{Night}-mit einer Beurteilungszeit von acht Stunden werden aus dem höchsten Schallpegel des Geräusches und der Geräuschdauer für jeden Vorbeiflug eines Luftfahrzeuges ermittelt. Dabei wird als Beurteilungszeit der durchschnittliche Tag des Ist-Jahres – d. h. das vorausgegangene Kalenderjahr – zugrunde gelegt. Tagflüge in der Zeit von 06:00 Uhr bis 18:00 Uhr, Abendflüge von 18:00 Uhr bis 22:00 Uhr und Nachtflüge von 22:00 Uhr bis 06:00 Uhr werden unterschiedlich bewertet.

Nach VBUF [37] ergeben sich die beiden Beurteilungskenngrößen wie folgt:

$$L_{DEN} = 10\lg\left[\frac{1}{T}\sum_i g_i\, 0,5\, t_i 10^{0,1 L_i/\mathrm{dB}}\right]\mathrm{dB} \quad (20)$$

und

$$L_{Night} = 10\lg\left[\frac{1}{T}\sum_i 3 \times 0,5\, t_i 10^{0,1 L_i/\mathrm{dB}}\right]\mathrm{dB} \quad (21)$$

Dabei ist:

i laufender Index des einzelnen Fluglärmereignis;

t_i Vorbeiflugdauer. Dies ist die Zeit, in dem der Schalldruckpegel, der um 10 dB unter dem höchsten Schalldruckpegel L_i für den Vorbeiflug liegt, überschritten wird (10 dB-down-time);

L_i A-bewerteter Maximalpegel des i-ten Vorbeiflugs $L_{pASmax,i}$ am Immissionsort; eine Zeitbewertung ist in der VBUF [37] nicht explizit genannt, sie ist aber in Form tabellierter Schalldruckpegel implizit enthalten;

T Erhebungszeit in s; dabei ist $T = 3{,}1536\ 10^7$ s, d. h. 365 Tage;

g_i Bewertungsfaktoren für die drei Zeitscheiben

$g_i = 1{,}0$ für Tagflüge

$g_i = 3{,}16$ für Abendflüge

$g_i = 10{,}0$ für Nachtflüge.

Die messtechnische Ermittlung der Fluglärmbelastung erfolgt in der Regel nach der DIN 45643 [18], die neben den vorgestellten Kenngrößen noch die Pegelüberschreitungsdauer TAT (Time Above Threshold) sowie das gewichtete Integral einer Pegelverteilung WILD (Weighted Integral over Level Distribution) als weitere Kenngrößen enthält.

Bei der Interpretation der Beurteilungskenngrößen sind immer die jeweiligen Kennzeichnungszeiten sowie die dem Ermittlungsverfahren zugrundeliegenden Basisgrößen, wie z. B. der Maximalpegel L_{pASmax} oder der Schallexpositionspegel (Einzelereignispegel) L_{pAE}, zu beachten.

Rechnerische Ermittlung der Belastung durch Fluglärm

Gesetz zum Schutz gegen Fluglärm [30]: Die Berechnung von Lärmschutzbereichen nach dem Gesetz zum Schutz gegen Fluglärm [30] erfolgt auf der Basis einer Verkehrsprognose für die sechs verkehrsreichsten Monate eines Jahres, das in der Regel zehn Jahre im Voraus liegt. Dabei werden die A-bewerteten korrigierten Dauerschallpegel für den Tag ($L_{pAeq,Tag}$) und für die Nacht ($L_{pAeq,Nacht}$) aus dem Schallexpositionspegel für jeden Vorbeiflug einschließlich des Rollens auf dem Flugplatzgelände und dem dortigen Betrieb der Hilfstriebwerke (Auxiliary Power Units, APUs) ermittelt. Diese Kenngrößen werden aus einem unkorrigierten Wert und einem Zuschlag für Verteilung der Flugbewegungen in den betrachteten vergangenen zehn Jahren (Sigma-Regelung) nach folgenden Gleichungen bestimmt:

$$L_{pAeq,\,Tag} = L^*_{pAeq,\,Tag} + 3 \times K_{\sigma,\,Leq,\,Tag} \quad (22)$$

$$L_{pAeq,\,Nacht} = L^*_{pAeq,\,Nacht} + 3 \times K_{\sigma,\,Leq,\,Nacht} \quad (23)$$

Dabei ist:

$L^*_{pAeq,Tag}$ unkorrigierter Wert des äquivalenten Dauerschallpegels für den Tag;

$L^*_{pAeq,Nacht}$ unkorrigierter Wert des äquivalenten Dauerschallpegels für die Nacht;

$K_{\sigma,Leq,Tag}$ Zuschlag zur Berücksichtigung der zeitlich variierenden Nutzung der einzelnen Bahnrichtungen (Sigma-Regelung) für die Tageszeit;

$K_{\sigma,Leq,Nacht}$ Zuschlag zur Berücksichtigung der zeitlich variierenden Nutzung der einzelnen Bahnrichtungen (Sigma-Regelung) für die Nachtzeit.

Die unkorrigierten Werte des äquivalenten Dauerschallpegels für den Tag und die Nacht ergeben sich wie folgt:

$$L^*_{pAeq,\,Tr} = 10\lg\left(g_r \frac{T_0}{T_E}\left[\sum_{k=1}^{N_{Lk}}\sum_{l=1}^{N_{Fw}}\sum_{m=1}^{N_{Ts}} n_{Tr,\,k,\,l} 10^{L_{pAE,\,k,\,l,\,m}\left(S_{k,\,l,\,m}\right)/10}\right] + 10^{L^*_{pAeq,\,APU,\,Tr}/10}\right) \times \mathrm{dB} \quad (24)$$

Dabei ist:

$L^*_{pAeq,Tr}$ äquivalenter Dauerschallpegel zur Beurteilungszeit T_r;

T_E Erhebungszeit ($T_E = 1{,}5552 \cdot 10^7$ s, d. h. 180 Tage);

T_0 Bezugszeit ($T_0 = 1$ s);

g_r Gewichtsfaktor zur Umrechnung der Erhebungszeit auf die Beurteilungszeit (1,5 für tags und 3 für nachts);

$L_{pAE,k,l,m}$ der von einer Bewegung der Luftfahrzeuggruppe k auf dem Teilstück m des Flugweges l am Immissionsort hervorgerufene Schallexpositionspegel;

$L^*_{pAeq,APU}$ der vom APU-Betrieb hervorgerufene äquivalente Dauerschallpegel zur Beurteilungszeit T_r;

$n_{Tr,k,l}$ Anzahl der Flugbewegungen der Luftfahrzeugklasse k auf dem Flugweg l während der Beurteilungszeit T_r innerhalb der Erhebungszeit T_E;

$s_{k,l,m}$ Entfernung des Luftfahrzeugs der Klasse k auf dem Teilstück m des Flugwegs l vom Immissionsort [m];

$k = 1, \ldots, N_{Lk}$ laufender Index über die Luftfahrzeugklassen;

$l = 1, \ldots, N_{Fw}$ laufender Index über die Flugwege

$m = 1, \ldots, N_{Ts}$ laufender Index der Teilstücke auf einem Flugweg.

Das Häufigkeits-Maximalpegelkriterium des FluLämG [30] basiert auf der Überschreitungshäufigkeit $\mathrm{NAT}(L_{p,\mathrm{Schw}})$ eines Schwellenwerts $L_{p,\mathrm{Schw}}$ des AS-bewerteten Maximalpegels $L_{pAS,\max}$:

$$\mathrm{NAT}\left(L_{p,\,\mathrm{Schw}}\right) = \sum_{i=1}^{N_{\mathrm{Nacht}}} \mathrm{F}\left(L_{pAS,\,\max,\,i}\right) \mathrm{mit}\ \mathrm{F}\left(L_{pAS,\,\max,\,i}\right) = \begin{cases} 1 \text{ für } L_{pAs,\,\max,\,i} > L_{p,\,\mathrm{Schw}} \\ 0 \text{ für } L_{pAs,\,\max,\,i} \leq L_{p,\,\mathrm{Schw}} \end{cases} \quad (25)$$

Dabei ist:

$L_{pAS,\max,i}$ AS-bewerteter Maximalschalldruckpegel der i-ten Flugbewegung in der Beurteilungszeit T_{Nacht};

N_{Nacht} durchschnittliche Anzahl der innerhalb einer Nacht auftretenden Flugbewegungen.

Das NAT-Kriterium $N_S \times L_{p,\mathrm{Schw}}$ ist verletzt, wenn $\mathrm{NAT}(L_{p,\mathrm{Schw}})$ den Wert $N_S = N_S{}^* + 3 \times K\sigma$, NAT mit $N_S{}^* = 6$ überschreitet. Das Gebiet, in dem das Kriterium verletzt ist, wird durch die Kurve $\mathrm{NAT}(L_{p,\mathrm{Schw}}) = N_S$ begrenzt.

Das Verfahren zur Ermittlung der Lärmschutzbereiche ist ausführlich in der „Anleitung zur Datenerfassung“ (AzD) und der „Anleitung zur Berechnung von Lärmschutzbereichen“ (AzB) [57] dargestellt. Weitere Erläuterungen zu diesem Regelwerk und Hinweise zur Qualitätssicherung sind in [58] und [59] zu finden. Die Lärmschutzbereiche werden durch Rechtsverordnung der Länder festgesetzt.

DIN 45684 [56]: In Deutschland bestehen über 200 Landeplätze, von denen nur die verkehrsreichen Flugplätze unter das Gesetz zum Schutz gegen Fluglärm (FluLärmG) [30] fallen. Für die Berechnung der Fluglärmbelastung in der Umgebung der anderen Landeplätze kann die DIN 45684-1 [56] verwendet werden. Sie beschreitet zwar prinzipiell den gleichen methodischen Weg wie das Ermittlungsverfahren nach dem FluLärmG [30], berücksichtigt aber besonders die Gegebenheiten an Landeplätzen. Dementsprechend beschränken sich die Geräuschemissionsdaten der Norm auf Ultraleichtflugzeuge, Motorsegler, Propellerflugzeuge und Strahlflugzeuge mit höchstzulässiger Startmasse bis 20.000 kg sowie Hubschrauber mit höchstzulässiger Startmasse bis 10.000 kg. Auch ergeben sich im Regelfall keine relevanten Beiträge zur Lärmimmission durch rollende Luftfahrzeuge, durch Hubschrauber im Schwebeflug und durch den Betrieb von Hilfstriebwerken, so dass diese Beiträge in der Norm unberücksichtigt bleiben. Dies gilt auch für die Sigma-Regelung.

Neben der Art der verwendeten Luftfahrzeuge sind kleinere Landeplätze auch durch eine starke Konzentration der Flugbewegungszahlen auf bestimmte Zeiten charakterisiert. Beispielsweise weisen sie häufig erheblichen Wochenendverkehr auf. Diese Eigenschaft wird in der DIN 45684-1 [56] durch die „Kennzeichnungszeit“ abgebildet. Sie ist in der Norm als Zeitabschnitt definiert, für den die Kenngrößen die Geräuschimmission beschreiben, und ergibt sich im konkreten Fall aus der jeweiligen Aufgabenstellung. Eine mögliche Kennzeichnungszeit ist z. B. „alle Sonn- und Feiertage/tags während der drei verkehrsreichsten Monate des Jahres“.

Zur Kategorie der Landeplätze gehören auch Hubschrauberlandeplätze, die insbesondere an oder auf Krankenhäusern liegen. Dabei wird oft ein so genanntes Rückwärtsstartverfahren angewendet, das für die Fluglärmberechnung in [60] entwickelt und dann in die DIN 45684-1 [56] eingeflossen ist. Darüber hinaus enthält die Norm Hinweise zur Berücksichtigung von Abschirmungen im Nahbereich der Landeplätze.

Für den Sonderfall, dass der Flugbetrieb eines Landeplatzes durch ein einzelnes Luftfahrzeugmuster dominiert wird und für diese Luftfahrzeugmuster keine Geräuschmesswerte nach Standardverfahren vorliegen oder besondere Gegebenheiten wesentliche Unterschiede zwischen Berechnung und Messung erwarten lassen, kann die DIN 45684-2 [61] herangezogen werden. Sie enthält ein Verfahren zur Erfassung der akustischen und flugbetrieblichen Kenngrößen zur Berechnung der Immissionen nach DIN 45684-1 [56].

Vorläufige Berechnungsmethode für den Umgebungslärm an Flugplätzen: Für die Berechnung der Fluglärmbelastung an deutschen Flughäfen nach der EU-Umgebungslärmrichtlinie [21] wird die „Vorläufige Berechnungsmethode für den Umgebungslärm an Flugplätzen" (VBUF) [37] verwendet. Sie beruht auf einen Fluglärmberechnungsverfahren, das für die Durchführung des alten Fluglärmgesetzes aus dem Jahr 1971 benutzt wurde und umgangssprachlich als „alte AzB" [62] bezeichnet wird. Das Verfahren der VBUF [37] greift auf tabellierte Schalldruckpegel als Funktion der Triebwerksleistung und des Abstandes zwischen Flugroute und Immissionsort zurück. Dabei wird von der Annahme ausgegangen, dass der Schalldruckpegel am Immissionsort in erster Näherung von der kürzesten Entfernung zum Luftfahrzeug abhängt. Die Luftfahrzeugklassendaten der VBUF [37] unterscheiden sich von denen in der aktuellen AzB [57] enthaltenen Angaben. Dies gilt vor allem für die Hubschrauberdaten und die Daten für militärische Flugzeuge.

Es ist beabsichtigt, im Rahmen der Harmonisierungsbestrebungen der Europäischen Union EU-weit einheitliche Lärmbewertungsverfahren („CNOSSOS-EU") [53] einzuführen, die die VBUF [37] ersetzen sollen. Für die Berechnung der Fluglärmbelastung soll ein modernes Fluglärmberechnungsverfahren verwendet, und zwar eine modifizierte Form des ECAC Doc 29 [63]. Die Gemeinsamkeiten und Unterschiede von ECAC Doc 29 [63] und AzB [57] werden in [64] näher behandelt.

Messtechnische Ermittlung der Belastung durch Fluglärm

Das Verfahren zur Messung und Beurteilung der Fluglärmbelastung ist ausführlich in DIN 45643 [18] beschrieben. Danach sollte Messort möglichst so gewählt werden, dass alle akustisch relevanten reflektierenden Flächen außer dem Erdboden mindestens 10 m vom Mikrofon entfernt sind. Eine ungestörte Erfassung des Fluglärmereignisses kann bei einer Mikrofonhöhe von mehr als 6 m, bei einem Sichtwinkel von etwa 70° zu beiden Seiten der Flugbahn-Querentfernungslinie sowie einem Erhebungswinkel von mindestens 30° angenommen werden.

Als Messgröße wird im Allgemeinen der A-bewertete Einzelereignis-Schalldruckpegel des i-ten Geräusches $L_{p,\mathrm{A,E},i}$ benutzt. Diese Größe wird in anderen Normen mitunter A-bewerteter Einzelereignis-Schalldruckpegel genannt oder auch als „Einzelereignispegel" oder „Schallexpositionspegel" bezeichnet. Sie ist definiert als

$$L_{p\mathrm{AE},\,i} = 10\lg\left(\frac{1}{t_0}\int\frac{p_{\mathrm{A},\,i}(t)^2}{p_0^2}\mathrm{d}t\right)\mathrm{dB} \qquad (26)$$

Dabei ist:

t_0 Bezugszeit, $t_0 = 1$ s;
$p_{\mathrm{A},i}(t)$ A-bewerteter Schalldruckpegelverlauf des i-ten Geräusches;
p_0 Bezugsschalldruck, $p_0 = 2 \times 10^{-5}$ Pa.

Die Integration erstreckt sich über die gesamte Zeit, während der sich der Schalldruckpegelverlauf über dem Messschwellenpegel $L_{p\mathrm{AS,MSchw}}$ befindet. Eine Näherung für Gl. (26) ist eine Definition über den Maximalpegel eines angenommenen dreieckförmigen zeitlichen Verlaufes der Schalldruckpegel, die in Gl. (20) bzw. Gl. (21) dargestellt ist.

Mit Hilfe des Einzelereignispegels lässt sich der äquivalente Dauerschallpegel $L_{p\mathrm{Aeq},T}$ wie folgt bestimmen:

$$L_{p\text{Aeq},T} = 10\lg\left(\frac{t_0}{T}\sum_{i=1}^{N} 10^{L_{p\text{AE},\,i}/10\,\text{dB}}\right)\text{dB} \quad (27)$$

Für die Beurteilung der Fluglärmbelastung wird der Beurteilungspegel $L_{\text{r},T\text{r}}$ herangezogen. Dies ist ein gewichteter und mit Zuschlägen versehener äquivalenter Dauerschallpegel über die Beurteilungszeit T_r:

$$L_{\text{r},T\text{r}} = 10\lg\left[\frac{1}{T_\text{r}}\sum_{i=1}^{n} T_i \times 10^{\left(L_{\text{eq},Ti}+K_{\text{R},i}+K_i\right)/10\ \text{dB}}\right]\text{dB} \quad (28)$$

Dabei ist

T_i Teilzeit innerhalb der Beurteilungszeit T_r;

$L_{\text{eq},Ti}$ äquivalenter Dauerschallpegel während der Teilzeit T_i, der in der Regel eine bestimmte Frequenzbewertung beinhaltet;

$K_{\text{R},i}$ Zuschlag zur Berücksichtigung besonders lärmsensitiver Tageszeiten (Ruhezeiten), in Dezibel;

K_i Zuschläge zur Berücksichtigung spezieller Einflüsse, in Dezibel.

Im Regelfall sindLuftverkehrsgeräusche nicht impulshaltig. Eine Ausnahme davon bilden Hubschrauber, die impulshaltige Geräusche verursachen können. Bei überwiegendem Betrieb von Propellerflugzeugen können in Einzelfällen im Nahbereich nach DIN 45681 [25] Tonzuschläge angebracht sein. Aus diesen Gründen werden im Regelfall für Fluggeräusche keine Zuschläge K_i- vergeben.

Nähere Einzelheiten zur Verwendung weiterer maximalpegelbasierter Beurteilungskenngrößen, wie Überschreitungsanzahl (NAT), Pegelüberschreitungsdauer (TAT) oder gewichtetes Integral einer Pegelverteilung (WILD), können DIN 45643 [18] entnommen werden.

Städtebauliche Planung und baulicher Schallschutz

Fragen der Siedlungsentwicklung und des baulichen Schallschutzes in Zusammenhang mit Fluglärm werden in verschiedenen Rechtsvorschriften und Regelwerken behandelt. Besondere Bedeutung kommt dabei dem Gesetz zum Schutz gegen Fluglärm [30] zu. Darin wird hinsichtlich der Grenzwerte einerseits zwischen zivilen und militärischen Flugplätzen unterschieden, sowie andererseits zwischen neuen oder wesentlich baulich erweiterten und bestehenden Flugplätzen unterschieden. Diese Grenzwerte für die Schutzzonen des Lärmschutzbereiches sind in Tab. 12 zusammengestellt.

Dabei ist zu beachten, dass die Maximalpegelangaben Innenpegel sind. Zu diesem Wert müssen 15 dB für die Bestimmung der Häufigkeits-Maximalpegel-Kontur addiert werden, weil sich die Schutzzonenwerte des Lärmschutzbereichs auf Außenpegel beziehen.

Der Lärmschutzbereich gliedert sich in drei Schutzzonen, und zwar in die Tag-Schutzzonen 1 und 2 sowie eine Nacht-Schutzzone. Die Nacht-Schutzzone bestimmt sich als Umhüllende aus der Kontur des nach Gl. (23) bestimmten äquivalenten Dauerschallpegels für die Nacht sowie aus der Kontur des nach Gl. (25) bestimmten Häufigkeits-Maximalpegelkriteriums inkl. Sigma-Regelung.

Im gesamten Lärmschutzbereich dürfen keine Krankenhäuser, Altenheime, Erholungsheime und ähnliche in gleichem Maße schutzbedürftige Einrichtungen errichtet werden. In den Tag-Schutzzonen des Lärmschutzbereichs gilt Gleiches für Schulen, Kindergärten und ähnliche in gleichem Maße schutzbedürftige Einrichtungen. Zusätzlich dürfen in der Tag-Schutzzone 1 und in der Nacht-Schutzzone keine Wohnungen errichtet werden. Für bestehende Wohnungen hat der Eigentümer in der Tag-Schutzzone 1 und in der Nacht-Schutzzone Ansprüche auf Erstattungen von Aufwendungen für bauliche Schallschutzmaßnahmen. Das in diesem Zusammenhang verwendete bewertete Gesamtbauschalldämm-Maß $R'_{\text{wres}} > 30$ dB der Umfassungsbauteile von Aufenthaltsräumen (Tab. 13) richtet sich nach der Höhe des Außenpegels und ist in der 2. FlugLSV [65] geregelt. In der Tag-Schutzzone 2 müssen die Eigentümer selber für den nötigen Schallschutz sorgen.

Zusätzlich zu den Schutzzonen des Lärmschutzbereichs nach dem FluLärmG [30] wird vom „Bund/Länder-Arbeitsgemeinschaft für Immissionsschutz (LAI)“ für Planungszwecke die Ausweisung eines Siedlungsbeschränkungsbe-

Tab. 12 Schutzzonenwerte nach dem FluLärmG [30] für zivile und militärische Flugplätze

zivile Flugplätze							
Werte für neue oder wesentlich baulich erweiterte				Werte für bestehende			
Tag-Schutzzone 1:				Tag-Schutzzone 1:			
	$L_{p\text{Aeq,Tag}}$	=	60 dB		$L_{p\text{Aeq,Tag}}$	=	65 dB
Tag-Schutzzone 2:				Tag-Schutzzone 2:			
	$L_{p\text{Aeq,Tag}}$	=	55 dB		$L_{p\text{Aeq,Tag}}$	=	60 dB
Nacht-Schutzzone:				Nacht-Schutzzone:			
a)	bis zum 31. Dezember 2010:						
	$L_{p\text{Aeq,Nacht}}$	=	53 dB		$L_{p\text{Aeq,Nacht}}$	=	55 dB
	$L_{p\text{ASmax}}$	=	6 mal 57 dB		$L_{p\text{ASmax}}$	=	6 mal 57 dB
b)	ab dem 1. Januar 2011:						
	$L_{p\text{Aeq,Nacht}}$	=	50 dB				
	$L_{p\text{ASmax}}$	=	6 mal 53 dB				
militärische Flugplätze							
3) Werte für neue oder wesentlich baulich erweiterte				4) Werte für bestehende			
Tag-Schutzzone 1:				Tag-Schutzzone 1:			
	$L_{p\text{Aeq,Tag}}$	=	63 dB		$L_{p\text{Aeq,Tag}}$	=	68 dB
Tag-Schutzzone 2:				Tag-Schutzzone 2:			
	$L_{p\text{Aeq,Tag}}$	=	58 dB		$L_{p\text{Aeq,Tag}}$	=	63 dB
Nacht-Schutzzone				Nacht-Schutzzone:			
a)	bis zum 31. Dezember 2010:						
	$L_{p\text{Aeq,Nacht}}$	=	53 dB		$L_{p\text{Aeq,Nacht}}$	=	55 dB
	$L_{p\text{ASmax}}$	=	6 mal 57 dB		$L_{p\text{ASmax}}$	=	6 mal 57 dB
b)	ab dem 1. Januar 2011:						
	$L_{\text{Aeq,Nacht}}$	=	50 dB				
	$L_{p\text{ASmax}}$	=	6 mal 53 dB				

Tab. 13 Schallschutzanforderungen in der Tag-Schutzzone 1 und in der Tag-Schutzzone 2 [2. FlugLSV] [65]

Schallschutzanforderungen in der Tag-Schutzzone 1 und in der Tag-Schutzzone 2	
bei einem äquivalenten Dauerschallpegel für den Tag ($L_{p\text{Aeq,Tag}}$) von	$R'_{\text{w,res}}$ für Aufenthaltsräume
weniger als 60 dB	30 dB
60 dB bis weniger als 65 dB	35 dB
65 dB bis weniger als 70 dB	40 dB
70 dB bis weniger als 75 dB	45 dB
75 dB und mehr	50 dB
Schallschutzanforderungen in der Nacht-Schutzzone 2	
bei einem äquivalenten Dauerschallpegel für den Tag ($L_{p\text{Aeq,Nacht}}$) von	$R'_{\text{w,res}}$ für Schlafräume
weniger als 50 dB	30 dB
50 dB bis weniger als 55 dB	35 dB
55 dB bis weniger als 60 dB	40 dB
60 dB bis weniger als 65 dB	45 dB
65 dB und mehr	50 dB

reichs empfohlen [70]. Dieser Bereich wird durch die Umhüllende aus einer Isolinie für den Tag mit $L_{p\text{Aeq,Tag}} = 55$ dB und der Nacht mit $L_{p\text{Aeq,Nacht}} = 50$ dB gebildet. Dazu soll der wirtschaftlich und politisch angestrebte Endausbauzustand berücksichtigt werden. Unterscheiden sich die Pegel bei den verschiedenen Betriebsrichtungen in der Umgebung des Flugplatzes wesentlich, so kann in besonderen Situationen eine Berechnung mit einer 100 % igen Belegung der Bahnen sinnvoll sein. Die Anwendung dieser so genannten 100 %/100 %-Regelung bedeutet, dass die Fluglärmbelastung für jede Betriebsrichtung des Flugplatzes getrennt berechnet und jedem Immissionsort der höchste Belastungswert zugeordnet wird. Dargestellt werden Kurven aller Orte mit gleichem Schallpegel in Form einer „Umhüllenden".

Die 100 %/100 %-Regelung wird darüber hinaus für die Ausweisung der „Planungszone Siedlungsbeschränkung" an Landeplätzen angewendet.

Diese Zone umfasst das Gebiet mit einem prognostizierten A-bewerteten äquivalenten Dauerschallpegel von mehr als 55 dB [54]. Das Gebiet kann in Abhängigkeit von den jeweiligen Bestimmungen in den einzelnen Bundesländern nach der Landeplatz-Fluglärmleitlinie [65] oder nach DIN 45684-1 [56] ermittelt und anhand der Orientierungswerte nach Tab. 7 beurteilt werden.

Für die außerhalb des Lärmschutzbereichs nach dem FluLärmG [30] gelegenen Bereiche (ausgenommen militärische Tieffluggebiete) werden in DIN 4109 [50] Mindestanforderungen an die Luftschalldämmung von Außenbauteilen festgelegt. Sofern keine berechneten Werte aufgrund landesrechtlicher Vorschriften vorliegen, soll zur Bestimmung des maßgeblichen Außenlärmpegels L_a (s. Gl. (17) die auf dem EEA Technical Report [71] basieren) der mittlere Maximalpegel der Vorbeiflüge repräsentativ ermittelt werden. Ergibt sich, dass in der Beurteilungszeit von 06:00 Uhr bis 22:00 Uhr der Wert von 82 dB entweder häufiger als 20 mal oder mehr als durchschnittlich einmal pro Stunde überschritten wird, so ist für L_a die Kenngröße (L_{pAFmax} – 20 dB) zugrunde zu legen. In diesen Fällen führen die Mindestanforderungen an den baulichen Schallschutz der DIN 4109 [50] dazu, dass der mittlere Maximalpegel in Wohn-, Schlaf- und Unterrichtsräumen auf höchstens 55 dB beschränkt wird. Wendet man dagegen in diesen Bereichen die Anhaltswerte nach VDI 2719 [47] (s. Tab. 11) an, so ergeben sich in der Regel deutlich schärfere Anforderungen an den baulichen Schallschutz. Für eine weitergehende Anpassung des notwendigen Schallschutzes an subjektive Wahrnehmbarkeiten definieren die Empfehlungen der DEGA [51] sieben Schallschutzklassen für die Bewertung von Wohnräumen oder Gebäuden mit Wohnräumen.

5.4 Industrie-, Gewerbe- und Freizeitanlagen

Beurteilungskenngrößen

Grundlage für die Erfassung und Beurteilung von Geräuschimmissionen, die von Industrie- und Gewerbeanlagen ausgehen, ist die Technische Anleitung zum Schutz gegen Lärm – TA Lärm [66]. Sie gilt für Anlagen, die als genehmigungsbedürftige oder nicht genehmigungsbedürftige Anlagen den Anforderungen des Bundes-Immissionsschutzgesetzes (BImSchG) [72] unterliegen. [73, 74, 75, 76].

Aus dem Anwendungsbereich der TA Lärm [66] sind ausgenommen:

- Schießplätze, auf denen mit Waffen ab Kaliber 20 mm geschossen wird,
- Tagebaue und Seehafenumschlaganlagen,
- nicht genehmigungsbedürftige landwirtschaftliche Anlagen,
- Anlagen für soziale Zwecke,
- Sportanlagen, sonstige Freizeitanlagen, Baustellen.

Sie sind ausgenommen, weil sie nach anderen Vorschriften beurteilt werden (Sportanlagen – 18. BImSchV [68]; sonstige Freizeitanlagen – Ländererlasse gestützt auf die Freizeitlärm-Richtlinie des LAI [77]; Baustellen – AVV Baulärm [78]) oder weil das Beurteilungsverfahren der TA Lärm [66] regelmäßig keine zutreffende Einschätzung der Zumutbarkeit der Schalleinwirkungen liefert (z. B. Schießplätze für großkalibrige Waffen im Hinblick auf die Frequenzbewertung, Seehafenumschlagsanlagen im Hinblick auf die besondere Problematik des Schutzes der Nachtruhe und der Ruhezeiten an Sonntagen).

Gleichwohl kann bei Anlagen, für die keine besonderen Regelwerke vorliegen, eine Vorgehensweise in Anlehnung an die TA Lärm [66] im Einzelfall angemessene Beurteilungsergebnisse liefern.

Die Grundlage der Beurteilung bilden einerseits die Beurteilungspegel $L_{r,T}$ für die Tagstunden und $L_{r,N}$ für die Nachtstunden, andererseits die Maximalpegel L_{pAFmax} einzelner Schallereignisse. Die Beurteilungspegel und -zeiten sind in den genannten Regelwerken (s. Tab. 14 bis Tab. 16) unterschiedlich definiert. In der Regel werden für Genehmigungsverfahren die Schallbelastungen prognostiziert, während in Beschwerde- und Überwachungsfällen von den messtechnisch ermittelten Geräuschimmissionen ausgegangen wird.

Tab. 14 Beurteilungspegel für Anlagengeräusche nach TA Lärm [66]

Beurteilungsgrößen der TA Lärm [66]		
Beurteilungszeit	Tags	(06:00 Uhr – 22:00 Uhr) 16 Stunden
	Nachts	(22:00 Uhr – 06:00 Uhr)[1)] 1 Stunde
Messwertart	Äquivalenter Dauerschallpegel $L_{p\mathrm{Aeq}}$	Beurteilung der Geräuschimmissionen
	Maximalpegel $L_{p\mathrm{AFmax}}$	Beurteilung von Geräuschspitzen
	Schallereignispegel $L_{p\mathrm{AE}}$ (geschätzt als $L_{p\mathrm{AFmax}}$- 9 dB)	Beurteilung von Schießgeräuschen
	Taktmaximal-Mittelungspegel $L_{p\mathrm{AFTeq}}$	Zuschlag für Impulshaltigkeit
	Überschreitungsperzentilpegel $L_{p\mathrm{AF95},T}$	Prüfung auf ständig vorherrschendes Fremdgeräusche
Zuschläge	Impulshaltigkeit	$L_{p\mathrm{AFTeq}}$- $L_{p\mathrm{Aeq}}$ 16 dB bei Schießgeräuschen (VDI 3745 Blatt 1 [67])
	Tonhaltigkeit	3 dB oder 6 dB je nach Auffälligkeit
	Tageszeiten mit erhöhter Empfindlichkeit 6 dB in den Teilzeiten	An Werktagen 06:00 Uhr – 07:00 Uhr und 20:00 Uhr – 22:00 Uhr
	6 dB (A) in den Teilzeiten	An Sonn- und Feiertagen 06:00 Uhr –09:00 Uhr, 13:00 Uhr – 15:00 Uhr, 20:00 Uhr – 22:00 Uhr
Richtwerte	nach Tab. 17	

1) Die Nachtzeit kann falls erforderlich bis zu einer Stunde verschoben werden, wenn eine achtstündige Nachtruhe der Nachbarn sichergestellt ist.
Besondere Regelungen bestehen für Notsituationen, seltene Ereignisse, Berücksichtigung tieffrequenter Geräusche und Berücksichtigung von Verkehrsgeräuschen.

Rechnerische Ermittlung der Belastung durch Industrie-, Gewerbe- und Freizeitanlagen

In der TA Lärm [66] werden Verfahren für eine überschlägige und eine detaillierte Prognose der Schallbelastungen angegeben. Bei der überschlägigen Prognose werden eine schallausbreitungsgünstige Wetterlage zugrunde gelegt und nur die geometrische Schalldämpfung berücksichtigt. Diese Prognose ist ausreichend, wenn die berechneten Schallpegel zu keiner Überschreitung der Immissionsrichtwerte führen.

Die detaillierte Prognose kann sowohl an hand von Oktavpegeln als auch von A-bewerteten Schallpegeln durchgeführt werden. Die Emissionsdaten sollen möglichst als Schallleistungspegel nach einem Messverfahren der Genauigkeitsklasse 1 oder 2 bestimmt werden, wie sie z. B. in der Normenreihe DIN EN ISO 3740 bis DIN EN ISO 3747 [80–88] (für Maschinen) oder in DIN ISO 8297 [89] (für Industrieanlagen) beschrieben sind. Bei der Schallausbreitung sind Dämpfungen aufgrund der geometrischen Ausbreitung, der Luftabsorption, des Bodeneffektes und ggf. von Abschirmungen sowie verschiedener anderer Effekte (Bewuchs, Industriegelände, bebautes Gelände) sowie die Pegelerhöhungen durch Reflexionen nach DIN ISO 9613-2 [27] zu ermitteln. Weiterhin ist die meteorologische Korrektur K_{met} nach dieser Norm zu berücksichtigen, so dass die langfristig auftretenden Belastungen beurteilt werden.

Der maßgebliche Immissionsort der TA Lärm [66] liegt

a) bei bebauten Flächen 0,5 m außerhalb vor der Mitte des geöffneten Fensters des vom Geräusch am stärksten betroffenen schutzbedürftigen Raumes nach DIN 4109 [50]
b) bei überbaubaren Flächen in 3 m Abstand vom Grundstücksrand in 4 m über dem Boden
c) bei mit der Anlage baulich verbundenen schutzbedürftigen Räumen, bei Körperschallübertragung sowie bei der Einwirkung tieffrequenter Schalle in dem am stärksten betroffenen schutzbedürftigen Raum an den bevorzugten Aufenthaltsorten der Menschen.

Tab. 15 Beurteilungspegel für Sportanlagengeräusche nach der Sportanlagen-Lärmschutzverordnung [68]

Beurteilungsgrößen der Sportanlagen-Lärmschutzverordnung		
Beurteilungszeit	An Werktagen/tags	außerhalb der Ruhezeiten (08:00 Uhr – 20:00 Uhr) 12 Stunden innerhalb der Ruhezeiten (06:00 Uhr – 08:00 Uhr bzw. 20:00 Uhr – 22:00 Uhr) 2 Stunden
	An Sonn- und Feiertagen/tags	außerhalb der Ruhezeiten (09:00 Uhr – 13:00 Uhr und 15:00 Uhr – 20:00 Uhr) 9 Stunden innerhalb der Ruhezeiten (07:00 Uhr – 09:00 Uhr, 13:00 Uhr – 15:00 Uhr, 20:00 Uhr – 22:00 Uhr) 2 Stunden
	An Werktagen/nachts	(22:00 Uhr – 06:00 Uhr)[1)] ungünstige 1 Stunde
	An Sonn- und Feiertagen/nachts	(22:00 Uhr – 07:00 Uhr) ungünstige 1 Stunde
Messwertart	äquivalenter Dauerschallpegel $L_{p\mathrm{Aeq}}$	Beurteilung der Geräuschimmissionen [1)]
	Maximalpegel $L_{p\mathrm{AFmax}}$	Beurteilung von Schallspitzen/ggf. Zuschlag für Impulshaltigkeit
	Taktmaximal-Mittelungspegel $L_{p\mathrm{AFTeq}}$	Zuschlag für Impulshaltigkeit
	Perzentilpegel $L_{p\mathrm{AF95},T}$	Prüfung auf ständig vorherrschendes Fremdgeräusche
Zuschläge	Impulshaltigkeit und/oder auffällige Pegeländerungen bei technischen Geräuschen	wenn $n \leq 1$ $10\lg\left(1 + \frac{n}{12} 10^{0,1\left(L_{p\mathrm{AFmax},\,m} - L_{p\mathrm{Aeq}}\right)/\mathrm{dB}}\right)\mathrm{dB}$, wenn $n > 1$ $L_{p\mathrm{AFTeq}} - L_{p\mathrm{Aeq}}$, $n =$ mittlere Anzahl der Impulse pro Minute
	Ton- und Informationshaltigkeit	jeweils 3 dB oder 6 dB je nach Auffälligkeit[2), 3)]
Richtwerte	nach Tab. 18	

Bemerkung:
Die Richtlinie VDI 3770 [69] enthält Emissionskennwerte für eine Anzahl von Schallquellen aus dem Bereich der Sport- und Freizeitanlagen.
Besondere Regelungen bestehen
- für Anlagen, die an Sonn- und Feiertagen maximal vier Stunden genutzt werden, hinsichtlich der mittäglichen Ruhezeit,
- für Verkehrsgeräusche auf öffentlichen Verkehrsflächen durch das der Anlage zuzuordnende Verkehrsaufkommen,
- bei bestehenden Sportanlagen und bei seltenen Ereignissen oder Veranstaltungen (an höchstens 18 Kalendertagen) hinsichtlich Betriebszeitfestsetzungen durch die zuständige Behörde

[1)] Bei bestehenden Anlagen sind 3 dB abzuziehen.
[2)] Die Zuschläge für Ton- und Informationshaltigkeit dürfen zusammen maximal 6 dB betragen.
[3)] Der Zuschlag für Informationshaltigkeit ist in der Regel nur bei Lautsprecherdurchsagen und Musikwiedergaben anzuwenden.

Messtechnische Ermittlung der Belastung durch Industrie-, Gewerbe- und Freizeitanlagen

Bei der messtechnischen Ermittlung der Belastung ist Messzeit so zu wählen, dass das Anlagengeräusch kennzeichnend erfasst wird. Diese Regelung kann bei Betrieben mit stark schwankenden Emissionen und bei Entfernungen zum Immissionsort von mehr als 200 m zum Immissionsort zu Beurteilungsproblemen führen, weil große Messwertunterschiede auftreten können. Es soll daher erstens von der bestimmungsgemäßen Betriebsart der Anlage, die in ihrem Einwirkungsbereich die höchsten Beurteilungspegel erzeugt, ausgegangen werden, zweitens sollen die Messungen bei schallausbreitungsgünstigen Bedingungen (s. Abschn. 3.8) durchgeführt werden. Die ermittelten Beurteilungspegel sind nach Berücksichtigung einer meteorologischen Korrektur K_{met} als Langzeitbeurteilungspegel anzusehen.

Für die Festlegung der Messzeiten und -dauern ist es zweckmäßig, sich über die Betriebsabläufe und die damit verbundenen Emissionen zu informieren, ggf. müssen mehrere Messungen an verschiedenen Tagen, unter Berücksichtigungz. B. von DIN 45645-1 [12] oder VDI 3723 Blatt 1 [19], durchgeführt werden.

Durch die Überlagerung unterschiedlichster Schallquellen kommt der Geräuschtrennung zunehmende Bedeutung zu. Praktikable Varianten

Tab. 16 Beurteilungspegel für Baulärm nach der AVV Baulärm [78]

Beurteilungsgrößen der AVV Baulärm [78]		
Beurteilungszeit	Tags	(07:00 Uhr – 20:00 Uhr) 13 Stunden
	Nachts	(20:00 Uhr – 07:00 Uhr) 11 Stunden
Messwertart	Taktmaximal-Mittelungspegel L_{pAFTeq} [1)]	Beurteilung der Geräuschimmissionen
Zuschläge	Impulshaltigkeit	bereits im L_{pAFTeq} enthalten
	Tonhaltigkeit	bis zu 5 dB je nach Auffälligkeit
Abschläge	Betriebsdauer	
	tags bis 2,5 h	10 dB
	nachts bis 2 h	
	tags über 2,5 h bis 8 h	5 dB
	nachts über 2 h bis 6 h	
	tags über 8 h	0 dB
	nachts über 6 h	
Richtwerte	analog Tab. 17	

[1)] Wenn die Taktmaximalpegel um weniger als 10 dB schwanken, dürfen sie auch arithmetisch gemittelt werden
Bemerkung: In der AVV Baulärm [78] wird auch ein Verfahren zur Berechnung der Geräuschimmissionen aus Emissionsdaten einzelner Baumaschinen beschrieben
Die Geräte und Maschinenlärmschutzverordnung (32. BImSchV [79]) beschränkt für 57 mobile Maschinen- und Gerätearten, davon die meisten Baumaschinen, den Betrieb in Wohngebieten auf 07:00 Uhr bis 20:00 Uhr

sind das An- oder Abschalten der zu beurteilenden Anlage, die Ausnutzung einer bekannten Variabilität der zu beurteilenden Anlage, z. B. Mit- und Gegenwindbedingungen, oder eine bekannte Variabilität des Fremdgeräusches, z. B. Tagesgang des Straßenverkehrslärms [90]. Statistikgestützte Verfahren haben den Vorteil, dass sie auf dem direkten Wege gestatten, die Unsicherheiten beim Messen zu quantifizieren.

Die wichtigste Messgröße ist der Schalldruckpegel $L_{pAF}(t)$. In einigen Vorschriften, z. B. TA Lärm [66], ist bei Impulshaltigkeit zusätzlich $L_{pAFT}(t)$ zu ermitteln. Bei Tonhaltigkeit kann bzw. bei der Einwirkung tieffrequenten Geräusches muss nach TA Lärm [66] das Messverfahren nach DIN 45681 [25] bzw. DIN 45680 [13] eingesetzt werden (vgl. Abschn. Bewertung tieffrequenter Geräusche im Immissionsschutz und Abschn. 1.1).

Neuere Vorschläge zur Berücksichtigung der Aussagesicherheit der Messwerte bei der Beurteilung sind in VDI 3723 Blatt 2 [20] sowie [91–93] dargestellt.

Städtebauliche Planung von Industrie-, Gewerbe- und Freizeitanlagen

Für die Beurteilung von Industrie- und Gewerbelärm bei der städtebaulichen Planung geht man nach DIN 18005-1 [41] bei vorhandenen Anlagen in der Regel von messtechnisch ermittelten Belastungen aus. Bei der Ausweisung neuer Industrie- und Gewerbegebiete sind in dieser Norm Verfahren zur Abschätzung der zu erwartenden Immissionen beschrieben.

Errichtung und Betrieb von Anlagen

Für die Beurteilung von Industrie- und Gewerbelärm sind in der TA Lärm [66] Immissionsrichtwerte für den Beurteilungspegel sowie für Maximalpegel einzelner Schallereignisse genannt. Sie sind nach Einwirkungsorten entsprechend der baulichen Nutzung ihrer Umgebung sowie nach Tag und Nacht unterteilt (s. Tab. 17). Somit werden auch die Einflüsse der Ortsüblichkeit und des Zeitpunktes des Auftretens berücksichtigt. In der TA Lärm [66] werden für die Zuordnung der Einwirkungsorte folgende Grundsätze genannt:

Sind in einem Bebauungsplan Bauflächen und Baugebiete ausgewiesen, so muss bei der Zuordnung von diesen ausgegangen werden. Fehlt ein Bebauungsplan, so ist die Einstufung nach der tatsächlichen baulichen Nutzung vorzunehmen. Eine vorhersehbare Änderung der baulichen Nutzung ist dabei zu berücksichtigen.

Die Immissionsrichtwerte (IRW) dienen dem Schutz vor schädlichen Umwelteinwirkungen,

Tab. 17 Immissionsrichtwerte für maßgebliche Immissionsorte nach TA Lärm [66]

Immissionsrichtwerte der TA Lärm [66]			
	Gebiete		Immissionsrichtwerte
außerhalb der Gebäude [1)]	a) in Industriegebieten	tags	70 dB
		nachts	70 dB
	b) in Gewerbegebieten	tags	65 dB
		nachts	50 dB
	c) in Kerngebieten, Dorfgebieten und Mischgebieten	tags	60 dB
		nachts	45 dB
	d) in allgemeinen Wohngebieten und Kleinsiedlungsgebieten	tags	55 dB
		nachts	40 dB
	e) in reinen Wohngebieten	tags	50 dB
		nachts	35 dB
	f) in Kurgebieten, für Krankenhäuser und Pflegeanstalten	tags	45 dB
		nachts	35 dB
innerhalb von Gebäuden [2)]	Gebiete a) bis f)	tags	35 dB
		nachts	25 dB

[1)] Einzelne kurzzeitige Geräuschspitzen dürfen die Immissionsrichtwerte am Tage um nicht mehr als 30 dB und in der Nacht um nicht mehr als 20 dB überschreiten
[2)] Einzelne kurzzeitige Geräuschspitzen dürfen die Immissionsrichtwerte um nicht mehr als 10 dB überschreiten

wobei das Vermeiden erheblicher Belästigungen im Vordergrund steht. Bei der Überschreitung der IRW ist im Allgemeinen davon auszugehen, dass schädliche Umwelteinwirkungen vorliegen.

Die Immissionsrichtwerte gelten für die Gesamteinwirkung (Kumulation) aller Anlagengeräusche, für die die TA Lärm [66] gilt. Im Regelfall ist der Beurteilungspegel für die Gesamt-belastung, die von allen Anlagen ausgeht, bei der Beurteilung heranzuziehen. Das Kumulationsprinzip ist allerdings aus rechtlichen, fachlichen und verfahrensökonomischen Gründen nur eingeschränkt realisiert worden [67].

Die Immissionsrichtwerte nach der Sportanlagen-Lärmschutzverordnung [68] sind in Tab. 18 dargestellt.

Baulicher Schallschutz

Bei der Ermittlung des erforderlichen Schallschutzes von Außenbauteilen nach DIN 4109 [50] wird im Regelfall als maßgeblicher Außenschallpegel der in der TA Lärm [66] für die jeweilige Gebietskategorie angegebene Immissionsrichtwert tags eingesetzt. Wenn die Immissions-richtwerte überschritten sind, ist der nach TA Lärm [66] ermittelte Beurteilungspegel zugrunde zu legen.

5.5 Schießgeräusche

Das Schießgeräusch besteht im Allgemeinen aus drei Hauptkomponenten, dem Mündungs-, dem Geschoss- und dem Aufschlagknall. Der Mündungsknall wird durch die Druckfront des Treibgases der Munition hervorgerufen, das mit Überschallgeschwindigkeit den Lauf verlässt. Der Knall entsteht bei Expansion des mehr oder weniger kugelförmigen Volumens der Gase in dem Moment, wenn deren Ausbreitungsgeschwindigkeit Unterschallgeschwindigkeit erreicht. Der Geschossknall wird hingegen verursacht durch den Überschallflug des Geschosses entlang seiner Flugbahn von der Mündung zum Ziel bzw. bis zu einem Punkt auf der Flugbahn, wo das Geschoss Unterschallgeschwindigkeit erreicht.

Geräuschemissionen von Schießanlagen sind impulshaltige Schallereignisse, unregelmäßig und häufig mit großer Pegeldifferenz zum momentanen Fremdgeräuschpegel. Sie unterscheiden sich damit von Industrie- und Umgebungsgeräuschen.

Den Besonderheiten von Schießgeräuschen trägt die Normenreihe DIN EN ISO 17201-1 bis -5 [94, 95, 96, 97 und 98] Rechnung. Sie ermöglicht die Bestimmung des Mündungsknalls durch Messung/Rechnung, Berechnung des Geschossknalls

Tab. 18 Immissionsrichtwerte für maßgebliche Immissionsorte nach der Sportanlagen-Lärmschutzverordnung [68]

Immissionsrichtwerte der Sportanlagen-Lärmschutzverordnung [68]			
	Gebiete		Immissionsrichtwerte
	a) Industriegebieten	-	-
außerhalb der Gebäude [1)]	b) in Gewerbegebieten	tags	außerhalb der Ruhezeiten 65 dB innerhalb der Ruhezeiten 60 dB
		nachts	50 dB
	c) in Kerngebieten, Dorfgebieten und Mischgebieten	tags	außerhalb der Ruhezeiten 60 dB innerhalb der Ruhezeiten 55 dB
		nachts	45 dB
	d) in allgemeinen Wohngebieten und Kleinsiedlungsgebieten	tags	außerhalb der Ruhezeiten 55 dB innerhalb der Ruhezeiten 50 dB
		nachts	40 dB
	e) in reinen Wohngebieten	tags	außerhalb der Ruhezeiten 50 dB innerhalb der Ruhezeiten 45 dB
		nachts	35 dB
	f) in Kurgebieten, für Krankenhäuser und Pflegeanstalten	tags	außerhalb der Ruhezeiten 45 dB innerhalb der Ruhezeiten 45 dB
		nachts	35 dB
innerhalb von Gebäuden [2)]	Gebiete a) bis f)	tags	35 dB
		nachts	25 dB

[1)] Die Immissionsrichtwerte gelten für die Gesamteinwirkung aller Sportanlagen. Einzelwerte von $L_{p\mathrm{AF}}(t)$ sollen den Immissionsrichtwert tags um nicht mehr als 30 dB, nachts um nicht mehr als 20 dB überschreiten
[2)] Einzelne kurzzeitige Geräuschspitzen sollen den Immissionsrichtwert um nicht mehr als 10 dB überschreiten

und der Schallausbreitung des Schießgeräusches sowie eine Anleitung zum Lärmmanagement von Schießaktivitäten auf Schießplätzen.

Für die Bestimmung zuverlässiger Werte des Schießgeräuschpegels am Immissionsort wird die Schallemission verursacht durch den Mündungsknall benötigt. Die Schallausbreitung des Knalls ist im Nahbereich durch nichtlineare Effekte bestimmt. Als Nahbereich gilt nach DIN EN ISO 17201-1 [94] der Bereich um die Mündung, in dem der Spitzenschalldruckpegel kleiner als 154 dB ist. Erst außerhalb des Nahbereichs gelten die nach DIN EN ISO 17201-1 [94] durch Messung oder nach -2 durch Rechnung ermittelten Quelldaten als winkel- und frequenzabhängige Energieverteilung, die nach ermittelt werden und die als Eingangsdaten für Schallausbreitungsmodelle verwendet werden können. Der Anwendungsbereich dieser Norm erstreckt sich auf Waffen, die auf zivilen Schießplätzen eingesetzt werden, kann jedoch auch direkt auf militärische Handwaffen und Sprengungen angewendet werden.

DIN EN ISO 17201-2 [95] legt ein Berechnungsverfahren für die akustische Energie des Mündungsknalls auf der Grundlage der Ladungsmenge der Munition und des Geschossknalls auf der Grundlage des Verlustes an kinetischer Energie auf dem Abschnitt der ballistischen Flugbahn, der den Geschossknall in Richtung des Immissionsortes abstrahlt. Diese Richtung wird durch die Senkrechte auf dem lokalen MACHschen Kegel bestimmt. Die Verfahren zur Bestimmung der Energie dieser Quellen greifen auf die Abschätzung der Energien zurück, die an entsprechenden

Prozessen beteiligt sind. Dabei werden die Anteile dieser Energien abgeschätzt, die in akustische Energie umgewandelt werden.

Mit DIN EN ISO 17201-3 [96] wird dem Anwender eine Anleitung für die Berechnung der Schallausbreitung von Schießgeräuschen an die Hand gegeben. Falls lokale oder nationale Behörden keine diesbezüglichen Berechnungsvorschriften in Form von Regeln oder Regularien festgelegt haben und über DIN ISO 9613-2 [27] hinausgreifende Berechnungsverfahren nicht verfügbar sind, kann die DIN ISO 9613-2 [27] unter Berücksichtigung der im DIN EN ISO 17201-3 [96] festgelegten Rahmenbedingungen und Empfehlungen angewandt werden. Zu den Besonderheiten der Anwendung der DIN ISO 9613-2 siehe [99]. Die Vorausberechnung des Expositionspegels vom Schießgeräusch an maßgeblichen Immissionsorten basiert auf einzelnen Schüssen. Dabei wird auf die nach DIN EN ISO 17201-1 [94] gemessene oder nach DIN EN ISO 17201-2 [95] berechnete winkelabhängige Schallenergieverteilung des Mündungsknalls abgestellt. DIN EN ISO 17201-3 [96] ist anwendbar für Waffen mit einem Kaliber von weniger als 20 mm, für Treib- bzw. Sprengladungen von weniger als 50 g TNT-Äquivalent, schließt den Geschossknall mit ein und gilt für Abstände, wo der Spitzendruck und der Spitzenschalldruckpegel geringer als 1 kPa bzw. 154 dB sind. DIN EN ISO 17201-3 [96] trägt dem Sachverhalt Rechnung, dass die Schallenergie des Mündungsknalls typischerweise für Freifeldbedingungen gemessen oder berechnet wird und sich oft durch eine starke Richtwirkung auszeichnet. Darüber hinaus werden aber auch Szenarien auf Schießplätzen behandelt, bei denen Schießstände, Wände oder Sicherheitsblenden zur Anwendung kommen und Flinten oft in unterschiedliche Richtungen abgefeuert werden. Letztgenanntes ist speziell beim Trap- und Skeet-Schießen auf Wurftauben der Fall. DIN EN ISO 17201-3 [96] gibt konkrete Hinweise, in welcher Weise Quellendaten für die Anwendung der DIN ISO 9613-2 [27] aufbereitet werden können, um die in der Umgebung des Schießplatzes zu erwartenden Schallpegel abschätzen zu können. Für Schießgeräusche ist es bei sogenannten Nichtfreifeld-Situationen generell erforderlich, fortschrittlichere Berechnungsverfahren – im Vergleich zu DIN ISO 9613-2 [27] -anzuwenden. Dies betrifft unter anderen die Boundary-Element-Methode, Strahlverfolgungsmodelle, wellentheoretische Modelle oder Kombinationen derer, wobei sowohl Reflexionen, Beugungen und Streuungen als auch spezifische Wetterbedingen näher in Betracht gezogen werden müssen. Auf dieser Grundlage wurde in DIN EN ISO 17201-3 [96] ein so genannter „Bench-Mark-Case“ bzw. „Referenzfall“ als Prüfbaustein etabliert. Damit wird geregelt, dass bei Anwendung von komplexen Berechnungsvorschriften für Schießgeräusche, die von der Boundary-Element-Methode abweichen, stets sicher zu stellen ist, dass die so ermittelten Schallexpositionspegel keine signifikanten Abweichungen gegenüber der Boundary-Element-Methode aufweisen.

DIN EN SO 17201-4 [97] behandelt ein Verfahren zur Berechnung des Expositionspegels des Geschossknalls. Dabei werden Hinweise für die Berechnung der Schallausbreitung des Geschossknalls gegeben, jedoch nur insofern dieser von der Schallausbreitung anderer Schallquellen abweicht. Der Geschossknall wird durch Berechnung anstatt durch Messung gewonnen, weil die Messverfahren durch nicht-lineares Verhalten nahe der Schusslinie kompliziert sind und eine Vielzahl von Parametern gegeben ist, die den Schallexpositionspegel des Geschosses bestimmt. Resultierend aus dem nicht-linearen Verhalten ist die Frequenzzusammensetzung des Expositionspegels des Geschosses abhängig von der Entfernung vom Ursprungspunkt der Quelle. Der Geschossknall wird ausgehend von einem be-stimmten Quellpunkt auf der Schusslinie beschrieben. Der Pegel der Quelle wird berechnet bei Berücksichtigung geometrischer Eigenschaften und der Geschossgeschwindigkeit auf der Schusslinie. Anleitung wird gegeben für die Bestimmung des Expositionspegels aus dem Pegel der Quelle und bei Berücksichtigung geometrischer Dämpfung, Dämpfung durch nicht-lineare Effekte, atmosphärische Absorption und zusätzlicher Dämpfung durch Bodenreflexion und Brechungseffekte in der Atmosphäre. Außerdem werden die Einflüsse bei Verringerung der Geschossgeschwindigkeit und durch atmosphärische Turbulenz in Betracht gezogen.

Im Allgemeinen geben nationale oder regionale Behörden an, in welcher Weise Geräusche von Schießplätzen mit Richtlinien, Regeln und Verordnungen ermittelt und mit entsprechenden Immissionswerten verglichen werden. In Situationen ohne offizielle Verordnungen darf und sollte der Betreiber eines Schießplatzes das Lärmmanagement verwenden, das in DIN EN ISO 17201-5 [98] beschrieben wird. Der Betreiber des Schießplatzes ist verantwortlich für die Überwachung des in die Nachbarschaft durch Schießaktivitäten emittierten Lärms und für das Einhalten von Richtlinien, Regeln und Verordnungen. Der DIN EN ISO 17201-5 [98] der Normenreihe ist als Werkzeug zu verstehen, dieses Ziel zu erreichen. Er befasst sich mit der Überwachung von Geräuschen an maßgeblichen Immissionsorten außerhalb von Schießplätzen auf der Grundlage gemessener oder berechneter Daten. Dabei wird ein Geräuschmanagementverfahren zur Überwachung des äquivalenten Schalldruckpegels vorgegeben, welches auf dem Management der Schusszahlen für alle Kombinationen von Waffentypen und Munitionsarten sowie Schießorten und Schießrichtungen basiert, die auf dem Schießplatz Anwendung finden. Als wesentlichstes Element des Managements ist dabei die Aufzeichnung der Anzahl von Schüssen in Bezug auf die jeweilige Kombination relevant. Jede Kombination kann durch deren Expositionspegel oder durch ihren Höchstwert des Schallpegels beschrieben werden. Dafür sind in DIN EN ISO 17201-5 [98] entsprechende Kriterien und Einordnungen in Klassen normativ festgelegt worden. Die Bewertung der Schusszahlen steht dabei in direkter Beziehung zu Schallexpositionspegeln, die durch die jeweiligen Kombinationen an den Immissionsorten hervorgerufen werden. Indem man die Schussanzahl mit den entsprechenden Immissionsrichtwerten verbindet, können Ziele des Managements, wie z. B. die Minimierung der Geräuschbelastung in der Nachbarschaft, erreicht werden.

Schießgeräusche von Rohrwaffen ab 20 mm und sonstige militärische Sprengungen ab 50 g TNT werden von der Bundeswehr über das kooperative Lärmmanagement geregelt [100].

In Deutschland regelt die TA-Lärm [66] generell die Ermittlung und Beurteilung von Schießgeräuschen mit Handfeuerwaffen mit Kaliber < 20 mm. Sie verweist dabei für die Ermittlung der Geräuschimmission durch Prognose auf die Nummer A.2 und für die Ermittlung der Geräuschimmission durch Messung auf die Nummer A.3 ihrer Anhänge. Die TA-Lärm [66] trägt den Besonderheiten des Schießlärms von Schießständen insofern Rechnung, als sie in der Nummer A.1.6 explizit Vorgaben für die Ermittlung von Schießgeräuschimmissionen und damit unmittelbar für die Anlage „Schießstand“ macht. Jedoch entsteht dadurch gleichzeitig eine Regelungslücke, denn die Vorgaben der Nummer A1.6 beziehen sich im Wesentlichen nur auf die (Immissions) Messung von Schießgeräuschen gemäß VDI 3745 Blatt 1 [67].

In VDI 3745 Blatt 1 [67] werden die kurzzeitigen Geräuschspitzen im Sinne der TA-Lärm [66] durch den Maximalpegel $L_{p\mathrm{AFmax}}$ des Schalldruckpegel $L_{p\mathrm{AF}}(\mathrm{t})$ beschrieben. Der Maximalpegel muss um wenigstens 10 dB das Fremdgeräusch übersteigen. Die Messungen sind unter Bedingungen durchzuführen, die die Schallausbreitung begünstigen. Diese liegen im Regelfall bei Mitwind (+/– 60°) vor. Die Beurteilung der Schießgeräusche erfolgt anhand des Beurteilungspegels. Er wird aus den Einzelschusspegeln und den Schusszahlen unter Berücksichtigung von Zuschlägen für Ruhezeiten und Impulshaltigkeit ermittelt. Zur Beschreibung der Aussagequalität des Beurteilungspegels dient seine obere Vertrauensbereichsgrenze. Die VDI 3745 Blatt 1 [67] stellt damit weder eine reine Emissions- noch eine reine Immissionsmessvorschrift dar.

Bei der Errichtung eines Schießstandes kann für eine Prognose von Schießgeräuschen im Rahmen der TA-Lärm [66] nur auf die generellen Vorgaben zurückgegriffen werden. Neben dem Problem der Emissionskennzeichnung von Schießgeräuschen durch Schallleistungspegel nach Nummer A.2.2 fordert die TA-Lärm [66] in Nummer A1.2 die Anwendung der DIN ISO 9613-2 [27], die ihrerseits aber explizit die Anwendung „auf Druckwellen, die durch Sprengungen, militärische oder ähnliche Aktivitäten verursacht werden“ ausschließt.

In der Planungsphase für den Neubau von Schießständen oder für wesentliche bauliche Änderungen an Schießständen ist eine Messungnach nach VDI 3745 Blatt 1 [67] nicht möglich. Es wird deshalb ein Verfahren benötigt, welches die grundlegende Ausgangsgröße für die Beurteilung von Schießlärm von Schießständen, also den Maximalpegel des Einzelgeräusches für die maßgeblichen Emissionssituationen durch Prognose, bestimmt.

Für die Schießstände der Bundeswehr beschreibt der „Leitfaden für die Genehmigung von Standortschießanlagen“ [102] ein solches Verfahren. Um eine möglichst große Nähe zu der durch die TA Lärm [66] geforderten Anwendung der DIN ISO 9613-2 [27] herzustellen, wurde zwischen der Schallausbreitung innerhalb und außerhalb des Schießstandes unterschieden.

Der Leitfaden basiert für die Geräuschquellenbeschreibung auf den Festlegungen in der Normenreihe DIN EN ISO 17201 mit ihren Teilen 1 [94] bzw. 2 [95]. Die Schallausbreitungsrechnung folgt der DIN EN ISO 17201-3 [96], die die Anwendung einer angepassten DIN ISO 9613-2 [27] zulässt (DIN EN ISO 17201-3, Nr. 5.2 ff. [96]).

Voraussetzung für die Anwendung des Verfahrens ist nach DIN EN ISO 17201-3 [96] die Berechnung eines Ersatzquellenmodells, welches Reflektionen, Beugungen und Streuungen in der komplexen Schießanlage- bzw. Schießstandgeometrie hinreichend zuverlässig einbezieht, so dass der Pegel am Immissionsort danach unter Freifeldbindungen ermittelt werden.

Als Ergebnis ergibt sich für die weitere Ausbreitungsrechnung eine Liste von raumwinkelbegrenzten und bandbegrenzten Punktschallquellen (Teilersatzquellen), die durch geometrische und akustische Kenngrößen festgelegt sind.

Um den Anforderungen der VDI 3745 Blatt 1 [67] hinsichtlich der Maximalpegelbestimmung gerecht zu werden, müssen anschließend die Beiträge der Teilersatzquellen entsprechend ihrer zeitlichen Verzögerungen überlagert werden. Nicht immer ist der erste Beitrag Pegel bestimmend.

Im Leitfaden [102] wird ein Verfahren angegeben, wie aus den vorausberechneten Langzeit-Mittelungspegeln für schallausbreitungsgünstige Wettersituationen am Empfänger nach DIN ISO 9613-2 [27] Beurteilungspegel nach VDI 3745 Blatt 1 [67] für ein Einzelereignis ermittelt werden.

5.6 Lärmschutz an Arbeitsplätzen und in Arbeitsstätten

Regelwerke

Geräuschimmissionen am Arbeitsplatz können zu Beeinträchtigungen des Hörvermögens, des Wohlbefindens, der Arbeitssicherheit und der Arbeitseffektivität führen. Daher sind zum Schutz Betroffener Maßnahmen zur Vermeidung dessen erforderlich. In der Arbeitsstättenverordnung (ArbStättV) [101] wird im Anhang 3.7 ausgeführt: „In Arbeitsstätten ist der Schalldruckpegel so niedrig zu halten, wie es nach der Art des Betriebes möglich ist. Der Schalldruckpegel am Arbeitsplatz in Arbeitsräumen ist in Abhängigkeit von der Nutzung und den zu verrichtenden Tätigkeiten so weit zu reduzieren, dass keine Beeinträchtigungen der Gesundheit der Beschäftigten entstehen.“ Grundlage für den Schutz der Beschäftigten vor Gefährdungen durch Lärm und Vibrationen ist die Lärm und Vibrations-Arbeitsschutzverordnung (LärmVibrationsArbSchV). [102] Diese löste im März 2007 die UVV „Lärm“ (BGV B3) ab und wird seit März 2010 durch Technische Regeln „TRLV Lärm“ [103–105] und [106] sowie „TRLV Vibrationen“ [106–109] und [110] konkretisiert.

Lärm im Sinne der LärmVibrationsArbSchV ist [102] jeder Schall, der zu einer Beeinträchtigung des Hörvermögens oder zu einer sonstigen mittelbaren oder unmittelbaren Gefährdung von Sicherheit und Gesundheit der Beschäftigten führen kann. In der Verordnung werden folgende Kenngrößen verwendet:

- Der Tages-Lärmexpositionspegel ($L_{EX,8h}$) ist der über die Zeit gemittelte Lärmexpositionspegel bezogen auf eine Achtstundenschicht. Er umfasst alle am Arbeitsplatz auftretenden Schallereignisse.
- Der Wochen-Lärmexpositionspegel ($L_{EX,40h}$) ist der über die Zeit gemittelte Tages-Lärmexpositionspegel bezogen auf eine 40-Stundenwoche.
- Der Spitzenschalldruckpegel ($L_{pC,peak}$) ist der Höchstwert des momentanen Schalldruckpegels.

Die Auslösewerte in Bezug auf den Tages-Lärmexpositionspegel und den Spitzenschalldruckpegel betragen:

- obere Auslösewerte: $L_{\mathrm{EX,8h}} = 85$ dB (A-bewertet) beziehungsweise $L_{p\mathrm{C,peak}} = 137$ dB (C-bewertet),
- untere Auslösewerte: $L_{\mathrm{EX,8h}} = 80$ dB (A-bewertet) beziehungsweise $L_{p\mathrm{C,peak}} = 135$ dB (C-bewertet).

Werden die Auslösewerte nicht eingehalten, hat der Arbeitgeber den Beschäftigten einen geeigneten persönlichen Gehörschutz zur Verfügung zu stellen. Der Gehörschutz ist vom Arbeitgeber so auszuwählen, dass durch seine Anwendung die Gefährdung des Gehörs beseitigt oder auf ein Minimum verringert wird. Dabei muss unter Einbeziehung der dämmenden Wirkung des Gehörschutzes sichergestellt werden, dass der auf das Gehör des Beschäftigten einwirkende Lärm die maximal zulässigen Expositionswerte $L_{\mathrm{EX,8h}} = 85$ dB (A-bewertet) beziehungsweise $L_{p\mathrm{C,peak}} = 137$ dB (C-bewertet) nicht überschreitet.

Die „TRLV Lärm“ gibt neben dem Teil Allgemeines [103] in drei Teilen [104, 105] und [106] den Stand der Technik, Arbeitsmedizin und Arbeitshygiene sowie sonstige gesicherte arbeitswissenschaftliche Erkenntnisse der Lärmprävention wieder.

Teil 1 [104] beschreibt die Vorgehensweise zur Informationsermittlung und Gefährdungsbeurteilung nach § 3 LärmVibrationsArbSchV. Dieser Teil konkretisiert die Vorgaben der LärmVibrationsArbSchV [102] innerhalb des durch §§ 5 und 6 des Arbeitsschutzgesetzes [111] vorgegebenen Rahmens. Festgelegt werden Grundsätze zur Durchführung der Gefährdungsbeurteilung: Anforderungen für Fachkundige für die Durchführung der Gefährdungsbeurteilung und separat für die Durchführung von Lärmmessungen. Weitere Themengebiete sind Informationsermittlung, arbeitsmedizinische Vorsorge (inkl. Hinweis auf den Berufsgenossenschaftlichen Grundsatz zur arbeitsmedizinischen Vorsorge „G 20“ bzw. BGI 504-20) sowie die Durchführung der Gefährdungsbeurteilung.

Teil 2 [105] behandelt das Vorgehen bei der Planung, der Beauftragung, der Durchführung und Auswertung von Lärmmessungen am Arbeitsplatz nach dem Stand der Technik und Vergleich der Messergebnisse mit den Auslösewerten. Die Dokumentation der Lärmmessungen ist Teil der Gefährdungsbeurteilung (siehe auch TRLV Lärm, Teil 1 [104]). Der Teil 2 [105] behandelt zudem u. a. das Erfassen der Lärmeinwirkung, den repräsentativen Arbeitstag sowie Messunsicherheit und Genauigkeitsklassen.

Teil 3 [106] beschreibt das Vorgehen bei der Festlegung von Schutzmaßnahmen nach dem Stand der Technik, wie es in der LärmVibrationsArbSchV [102] gefordert ist. Dieser Teil befasst sich u. a. mit Maßnahmen zur Vermeidung und Verringerung der Lärmexposition: z. B. Auswahl alternativer Arbeitsverfahren oder Auswahl und Einsatz neuer Arbeitsmittel. Die lärmmindernde Gestaltung und Einrichtung der Arbeitsstätten und Arbeitsplätze wird beschrieben. Anforderungen an Kennzeichnung und Abgrenzung von Lärmbereichen oder Lärmarbeitsplätzen werden konkretisiert. Ebenso die Auswahl und Verwendung von persönlichem Gehörschutz (maximal zulässige Expositionswerte – Stichwort „Praxiskorrekturwerte“ bei Gehörschutz) – sowie die Gehörschutz-Tragepflicht und die Aufstellung eines Lärmminderungsprogramms.

Durch diese umfassenden Regelungen ist die TRLV Lärm eine wichtige Grundlage für Arbeitgeber bzw. Beauftragte bei der Gefährdungsbeurteilung und Ableitung sowie Durchführung von Maßnahmen. Die TRLV Lärm behandelt extraaurale Lärmwirkungen nur für den Bereich oberhalb von 80 dB (A-bewertet), extraaurale Wirkungen („Lärm-Stress“) kleiner 80 dB (A-bewertet) sind hingegen über Anhang 3.7 „Lärm“ der ArbStättV [101] geregelt. Konkrete Hilfestellung bietet hier im besonderen Maße die VDI 2058 Blatt 3 [112].

Zur Vermeidung von Beeinträchtigungen und Gesundheitsriskiken durch Ultraschall, kann die Richtlinie VDI 3766 [113] herangezogen werden. Sie beschreibt ein Verfahren für die messtechnische Erfassung der Einwirkung von Ultraschall sowie für dessen Beurteilung an Arbeitsplätzen.

Tab. 19 Richtwerte für Schallexpositionen mit Ultraschallanteilen nach VDI 3766 [113]

Messgröße	Richtwert
AU-bewerteter Lärmexpositionspegel $L_{EXAU,8h}$	85 dB
Z-bewerteter Spitzenschalldruckpegel $L_{Z,peak}$	140 dB

Mit der VDI 3766 [113] werden dem Anwender auch Handlungsanleitungen für die Minderung der Ultraschalleinwirkung zur Abwehr von Beeinträchtigungen und gesundheitlichen Gefahren gegeben.

Beim Einsatz von Ultraschall können auch Geräusche im Hörfrequenzbereich (16 Hz bis 16 kHz) auftreten. Bei Vorhandensein von luftgeleitetem Ultraschall kann die Belastung nach VDI 3766 [113] gemessen und bewertet werden.

Für die Beurteilung der Schallimmissionen im Hinblick auf die Gehörgefährdung wird auch der Z-bewertete Spitzenpegel L_{Zpeak} herangezogen. Bei der Beurteilung geht man von messtechnisch ermittelten Belastungen aus.

Nach VDI 3766 [113] sind bleibende Gehörschäden durch luftgeleiteten Ultraschall im Sprachfrequenzbereich (100 Hz bis 8 kHz) nicht wahrscheinlich, wenn die in Tab. 19 aufgeführten Schalldruckpegel unterschritten werden. Für den AU-bewerteten Lärmexpositionspegel sowie den unbewerteten Spitzenschalldruckpegel wird dabei die Einhaltung der in Tab. 19 angegebenen Richtwerte empfohlen:

Messung und Bestimmung von Arbeitslärm

Für Messungen des Lärmexpositionspegels im Pegelbereich der Gehörgefährdung findet DIN EN ISO 9612 [7] Anwendung. Diese spezifiziert ein Verfahren der Genauigkeitsklasse 2 für die Bestimmung des Lärmexpositionspegels am Arbeitsplatz. Dabei werden chronologische Schritte beginnend mit der Analyse der Tätigkeit für das Vorangehen beschrieben. Je nach den Gegebenheiten können unterschiedliche Strategien für Geräuschmessungen angewendet werden. Das Verfahren ist für Fälle anwendbar, wo eine Genauigkeitsklasse 2 erforderlich ist. Dies ist z. B. der Fall, wenn detaillierte Lärmexpositionsstudien oder epidemiologische Studien hinsichtlich der Gefahr der Gehörschädigung bearbeitet werden sollen. Der Messprozess erfordert für die Kontrolle der Qualität der Messungen begleitende Beobachtungen und eine Analyse der vorliegenden Geräuschsituation. Die Norm stellt auch Verfahren für die Bestimmung der Unsicherheit in Anlehnung an den ISO/IEC Guide 98-3 bzw. DIN ENV 13005 [114] bereit. Damit ist die DIN EN ISO 9612 [7] ein handhabbares Werkzeug und liefert nützliche Informationen für die Festlegung von Prioritäten für erforderliche Schallschutzmaßnahmen.

Für die Bestimmung des Beurteilungspegels unterhalb des Pegelbereichs der Gehörgefährdung, das heißt zur Bestimmung extraauraler Einflüsse, wird DIN 45645-2 [23] herangezogen. Diese schafft in Ergänzung zur LärmVibrationsArbSchV [102] die Voraussetzung für die einheitliche Ermittlung des Beurteilungspegels für Geräuschimmissionen an Arbeitsplätzen bei Berück-sichtigung von Tonhaltigkeit, Impulshaltigkeit und Informationsgehalt mit dem Ziel, Belästigungen abzuschätzen.

5.7 Haustechnische Anlagen

Beurteilung von Geräuschimmisisonen

Die Beurteilung von Geräuschimmissionen, die von haustechnischen bzw. gebäudetechnischen Anlagen ausgehen, erfolgt in der Regel anhand des maximalen Schalldruckpegels L_{pAFmax} bzw. des mittlerer Standard Maximalpegel $L_{pAFmax,nT}$. Dabei werden Nutzungsgeräusche nicht berücksichtigt.

DIN EN ISO 10052 [115] beschreibt ein Verfahren für die Messung von Luftschalldämmung zwischen Räumen, Trittschalldämmung von Decken, Luftschalldämmung von Fassaden und durch haustechnische Anlagen in Räumen erzeugten Schalldruckpegel in Gebäuden. Die Verfahren gelten für Messungen in Räumen von Wohnhäusern oder in Räumen vergleichbarer Größe bis höchstens 150 m^3. Bei der Luftschall-, der Trittschall- und der Fassadenschalldämmung ergibt das Verfahren Werte, die (oktavband)frequenzabhängig sind. Sie können durch Anwendung von DIN EN ISO 717-1 [116] und DIN EN ISO 717-2 [117] in Einzahlangaben umgewandelt werden, die die akustischen Eigenschaften kennzeichnen. Für den Schall von haustechnischen Anlagen werden die Ergebnisse direkt als A- oder C-bewertete Schalldruckpegel angegeben.

Anforderungen und Empfehlungen an haustechnische bzw. gebäudetechnische Anlagen

Mindestanforderungen nach DIN 4109 [50]: In DIN 4109 [50] sind Anforderungen an den Schallschutz festgelegt mit dem Ziel, Menschen in Aufenthaltsräumen vor unzumutbaren Belästigungen durch Schallübertragung zu schützen. In Tab. 20 sind die Anforderungen für schutzbedürftige Räume bei Geräuschimmissionen aus haustechnischen Anlagen wiedergegeben. Sie sind nach Anlagengruppen und der Schutzbedürftigkeit der Räume gestaffelt. Sie gelten für Schall in fremden Wohnungen. Die Schalldruckpegel werden nach DIN 4109-11 [119] und DIN EN ISO 10052 [115] (vormals DIN 52219) ermittelt.

Erhöhte Anforderungen für Wohnungen nach VDI 4100 [120]: In VDI 4100 [120] sind – in Ergänzung zu den in DIN 4109 [50] festlegten Anforderungen – Empfehlungen für einen erhöhten Schallschutz in Gebäuden mit Wohnungen oder wohnungsähnlichen Räumen, die ganz oder teilweise dem Aufenthalt von Menschen dienen, aufgeführt. Dabei werden drei Schallschutzstufen (SSt) definiert, für die Kennwerte empfohlen werden.

Die Schallschutzstufe SSt I beschreibt ein akustisch begründetes Niveau von Wohnungen mit geringem Grundgeräuschpegel, womit Belästigungen in benachbarten Wohnräumen auf ein erträgliches Maß abgesenkt werden sollen. Die Schallschutzstufe SSt II ist beispielsweise bei einer Wohnung zu erwarten, die auch in ihrer sonstigen Ausführung und Ausstattung durchschnittlichen Komfortansprüchen genügt. Für die Schallschutzstufe SSt II sind Werte angegeben, bei deren Einhaltung die Betroffenen, übliche Gegebenheiten der Umgebung vorausgesetzt, im Allgemeinen Ruhe finden.

Die Schallschutzstufe SSt III ist beispielsweise bei einer Wohnung zu erwarten, die auch Komfortansprüchen genügt. Bei Einhaltung der Kennwerte der Schallschutzstufe SSt III können die Betroffenen ein hohes Maß an Ruhe finden.

Die Kennwerte für Immissionen aus Gebäudetechnischen Anlagen (einschließlich Wasserversorgungs- und Abwasseranlagen gemeinsam) sind in Tab. 21 wiedergegeben. Kenngröße ist ein mittlerer Standard Maximalpegel $L_{pAFmax,nT}$.

Anforderungen an raumlüftungstechnische Anlagen

In VDI 2081 Blatt 1 [121] sind Richtwerte für Geräuschimmissionen angegeben, die von einer raumlüftungstechnischen Anlage durch Luft- oder Körperschallübertragung in die angeschlossenen Räume übertragen werden, angegeben (s. Tab. 22). Sie beziehen sich auf den Dauerschallpegel L_{pAeq} und sind nach der Raumart und dem Maß der

Tab. 20 Werte für die zulässigen Schalldruckpegel (in fremden Wohnungen) in schutzbedürftigen Räumen für Schall aus haustechnischen Anlagen nach DIN 4109 [50]

Schallquelle	Wohn- und Schlafräume	Unterrichts- und Arbeitsräume
	L_{pAFmax}	
Wasserinstallationen (Wasserversorgungs- und Abwasseranlagen gemeinsam)	35 dB [1)]	35 dB [1)]
Sonstige haustechnische Anlagen	30 dB [2)]	35 dB [2) 3)]

1) Einzelne, kurzzeitige Spitzen, die beim Betätigen der Armaturen und Geräte nach Tab. 6 in DIN 4109 [50] (Öffnen, Schließen, Umstellen, Unterbrechen u. ä.) entstehen, sind z. Zt. nicht zu berücksichtigen

2) Bei lüftungstechnischen Anlagen sind um 5 dB höhere Werte zulässig, sofern es sich um Dauerschall ohne auffällige Einzeltöne handelt

3) Nach VDI 2569 [118] können in Mehrpersonenbüros für lüftungstechnische Anlagen Werte bis zu 45 dB zugelassen werden, wenn dies zur Verdeckung informationshaltiger Schall (z. B. Sprache) wünschenswert ist

Tab. 21 Empfohlene Schallschutzwerte für Schallschutzstufen (SSt) bei Doppel-, Reihen- und Mehrfamilienhäusern: Gebäudetechnische Anlagen (nach VDI 4100 [120])

Schallquelle	Nutzung	Schallschutzstufen $L_{pAF\ max,\ nT}$ [1); 2)]		
		SSt I	SSt II	SSt III
Gebäude technische Anlagen (einschließlich Wasserver sorgungs- und Abwasseranlagen gemeinsam)	Mehrfamilienhaus	$\leq$ 30 dB	$\leq$ 27 dB	$\leq$ 24 dB
	Einfamilien-Doppel- und Ein familien-Reihenhäuser	$\leq$ 30 dB	$\leq$ 25 dB	$\leq$ 22 dB

[1)] Einzelne kurzzeitige Geräuschspitzen, die beim Betätigen (Öffnen, Schließen, Umstellen, Unterbrechen u. Ä.) der Armaturen und Geräte der Wasserinstallation entstehen, sollen die Kennwerte der SSt II und SSt III um nicht mehr als 10 dB übersteigen. Dabei wird eine bestimmungsgemäße Benutzung vorausgesetzt

[2)] mittlerer Standard Maximalpegel: Ein in Wohngebäuden auf eine Nachhallzeit von $T_0 = 0{,}5$ s normierter mittlerer Maximalpegel, ermittelt als Mittelwert, der durch Einzelereignisse (kurzzeitige Geräuschspitzen) hervorgerufenen Maximalwerte des Schalldruckpegels, die im bestimmungsgemäßen Betriebsablauf auftreten. Kurzzeitige Geräuschspitzen sind Schallereignisse, die den auf $T = 0{,}5$ s bezogenen A- und F-bewerteten Mittelungspegel deutlich überschreiten. Diese werden durch den A- und F-bewerteten mittleren Maximalpegel des A-bewerteten Schalldruckpegels $L_{pAF}(t)$ beschrieben und in Dezibel angegeben

Anforderungen gestaffelt. Wenn der Schall tonhaltig ist, wird empfohlen, mindestens 3 dB schärfere Richtwerte anzuwenden.

Die Richtlinie verweist darauf, dass die Beurteilung mitunter nicht anhand des A-bewerteten Maximalpegels vorgenommen wird, sondern mit Hilfe von Oktavpegeln. In Räumen mit hohen Eigen- oder Fremdgeräuschen können ggf. niedrigere Anforderungen gestellt werden. In Räumen mit hohem A-Schalldruckpegel ist es nach VDI 2081 Blatt 1 [121] in der Regel ausreichend, wenn die Geräusche der raumlufttechnischen Anlagen 10 dB unter dem Betriebslärm liegen.

6 Gebietsbezogene Beurteilung von Geräuschimmissionen

6.1 Lärmminderungplanung und Aktionsplanung

„Mit der Richtlinie 2002/49/EG über die Bewertung und Bekämpfung von Umgebungslärm" (EU-Umgebungslärmrichtlinie) [21] hat die Europäische Union 2002 erstmals eine Regelung zu Schallimmissionen getroffen. Frühere Regelungen befassten sich nur mit der Begrenzung der Schallemissionen von Fahrzeugen sowie Maschinen und Geräten [124]. Ähnlich wie das BImSchG [72] zielt die Richtlinie darauf ab, schädliche Umwelteinwirkungen durch Umgebungslärm zu vermeiden bzw. zu vermindern. Dazu werden die Mitgliedstaaten verpflichtet, für bestimmte Gebiete und Schallquellen in einem vorgegebenen fünfjährigen Zeitrahmen strategische Lärmkarten zu erstellen. Dabei ist die Öffentlichkeit über die Geräuschbelastungen und die damit verbundenen Wirkungen zu informieren. Zudem sind Lärmaktionspläne aufzustellen.

Für die Umsetzung der EU-Umgebungslärmrichtlinie [21] in deutsches Recht im Jahr 2005 wurde das BImSchG [72] geändert und anstelle der bisherigen „Lärmminderung" (§ 47a) ein „Sechster Teil": „Lärmminderungsplanung" eingefügt. Dem folgte 2006 die konkretisierende „Verordnung über die Lärmkartierung" (34. BImSchV [36]). Darin werden die näheren Anforderungen an die Lärmkartierung festgelegt. Sie ersetzt die vom LAI herausgegebene Musterverwaltungsvorschrift [125] zur Durchführung des alten § 47a BImSchG [72]. Unter strategischen Lärmkarten werden nun nicht nur „klassische Schallimmissionspläne" verstanden, sondern auch tabellarische Angaben, wie z. B. die Überschreitungen relevanter Grenz- oder Richtwerte, die geschätzte Zahl der betroffenen Personen oder Gebäude.

Zur Beschreibung der Geräuschbelastungen werden die Kenngrößen L_{den} [29] und L_{N}

Tab. 22 Richtwerte für Schallpegel raumlüftungstechnischerAnlagen und mittlere Nachhallzeiten nach VDI 2081 Blatt 1 [121]

Raumart	Beispiel	A-Schalldruckpegel[a)]		Mittlere Nachhallzeit
		Anforderungen		
		Hoch	niedrig	
Arbeitsräume	Einzelbüro[c)]	35 dB	40 dB	0,5 s
	Großraumbüro	45 dB	50 dB	0,5 s
	Werkstätten	50 dB		1,5 s
	Chemie-Labor	52 dB[b)]	52 [b)]	2,0 s
Versammlungsräume	Konzertsaal, Opernhaus	25 dB	30 dB	1,5 s
	Theater, Kino	30 dB	35 dB	1,0 s
	Konferenzraum	35 dB	40 dB	1,0 s
Wohnräume	Hotelzimmer[c)]	30 dB	35 dB	0,5 s
Sozialräume	Ruheraum, Pausenraum[c)]	30 dB	35 dB	1,0 s
	Wasch- und WC-raum	45 dB	55 dB	2,0 s
Unterrichtsräume	Lesesaal	30 dB	35 dB	1,0 s
	Klassen- und Seminarraumraum[c)]	35 dB	40 dB	1,0 s
	Hörsaal[c)]	35 dB	40 dB	1,0 s
Krankenhaus gemäß DIN 1946-4 [122]	Bettenzimmer, Ruheraum[c)]	30 dB	30 dB	1,0 s
	Operationsraum	40 dB	40 dB	2,0 s
	Untersuchungsraum	40 dB	40 dB	2,0 s
	Labore	45 dB	45 dB	2,0 s
	Bäder und Schwimmbäder	50 dB	50 dB	2,0 s
	Umkleideräume u. a. Räume siehe DIN 1946-4 [122]	50 dB	50 dB	2,0 s
	Bettenzimmer, normal	35 dB	35 dB	1,0 s
Räume mit Publikumsverkehr	Museen	35 dB	40 dB	1,5 s
	Gaststätten	40 dB	55 dB	1,0 s
	Verkaufsraum	45 dB	60 dB	1,0 s
	Schalterhalle	40 dB	45 dB	1,5 s
Sportstätten	Turn- und Sporthallen	45 dB	50 dB	2,0 s
	Schwimmbäder	45 dB	50 dB	2,0 s
Sonstige Räume	Rundfunkstudio	15 dB	25 dB	0,5 s
	Fernsehstudio	25 dB	30 dB	0,5 s
	EDV-Raum	45 dB	60 dB	1,5 s
	Reiner Raum	55 dB	60 dB	1,5 s
	Küche	50 dB	60 dB	1,5 s
	Schutzraum	45 dB	55 dB	2.0 s

[a)] energetischer Mittelwert (zeitlich);
[b)] Nach DIN 1946-7 [123] darf dieser Wert einschließlich Abzüge nicht überschritten werden.
[c)] Raumart, die nach DIN 4109 [50] zu den „schutzbedürftigen Raumen gehört“

[30] – ermittelt für eine Höhe von 4 m und Freifeldbedingungen – herangezogen. Um klimatischen und kulturellen Unterschieden innerhalb der EU Rechnung zu tragen, ist es den Mitgliedstaaten freigestellt, ein bis zwei Stunden mit erhöhter Schutzbedürftigkeit von den Abendstunden in die Tages- und/oder Nachtstunden zu verschieben. Als Kennzeichnungszeit gilt ein hinsichtlich der Schallemissions- und -ausbreitungsbedingungen durchschnittliches Jahr. Nähere Erläuterungen zur Lärmkartierung können den Hinweisen des LAI [126] entnommen werden.

Die Geräuschbelastungen werden grundsätzlich rechnerisch ermittelt; siehe Abschn. 1.1. Bis zum Vorliegen gemeinsamer europäischer Berechnungsverfahren werden national vorläufige Prognoseverfahren [37] eingesetzt. Sie sollen im Jahr 2019 durch die harmonisierten Bewertungsmethoden CNOSSOS-EU ersetzt werden [53].

Hinsichtlich der Anforderungen an die Lärmaktionspläne verweist das BImSchG nur auf die Mindestanforderungen des Anhangs V und VI der EU-Umgebungslärmrichtlinie [21]. Der LAI hat auch hierzu Hinweise veröffentlicht, um die Aufstellung dieser Pläne in der Praxis zu erleichtern [127].

6.2 Ermittlung von Kenngrößen beim Einwirken mehrerer Quellenarten

Einführung

Wirken auf einen Immissionsort mehrere Geräuschquellenarten ein, wie z. B. Straßen- und Schienenverkehrsgeräusche, so drängt sich die Frage auf, ob sich durch eine rein rechnerische Addition der jeweils ermittelten Pegelkennwerte zu einem Summenpegel, die Beeinträchtigung als schädliche Umwelteinwirkung im Sinne des BImSchG [72] hinreichend beschreiben lässt. Der Gesetz- und Verordnungsgeber hat bisher auf die Entwicklung eines begrifflichen und rechnerischen Instrumentariums zur Beantwortung dieser Frage verzichtet. Ein wesentlicher Grund hierfür mag sein, dass er inhärent bei den Schwellenpegelsetzungen eine Summenpegelbetrachtung partiell berücksichtigt hat.

Vornehmliches Ziel von „Gesamt-Bewertungsverfahren" ist die Ermittlung der Zahl wesentlich belästigter Personen als Belästigungskenngröße für eine oder mehrere Geräuschquellenarten mit Bezug auf die Wohnbevölkerung des Untersuchungsgebietes. Damit wird eine allgemeine, gebietsbezogene Bewertung einer vorhandenen oder zu erwartende Geräuschsituation ermöglicht. Hierfür ist die schalltechnische Bewertung eine wesentliche Grundlage. Bei der Gesamtbewertung von Planungsalternativen sind darüber hinaus weitere Aspekte, wie z. B. städtebauliche oder ökologische Belange, zu berücksichtigen. Aus Sicht von Genehmigungs- und/oder Überwachungsbehörden besteht dagegen eher ein Interesse an einem „Gesamtlärmpegel", der mit einem rechtlich kodifizierten Schwellenpegel verglichen werden kann.

Die VDI 3722 Blatt 1 [2] beschreibt einen pragmatischen Ansatz für die Bewertung des Einwirkens unterschiedlichen Verkehrslärmarten auf einen Immissionsort. Damit sind jedoch bei weitem nicht alle Fragen geklärt, die sich bei einer Gesamtgeräuschsituation stellen. Die Forschung hinsichtlich der Beeinträchtigung durch mehrere Geräuschquellen, hier im Sinne von Belästigungen und Störungen, fokussiert auf die Bewertung der betrachteten Geräuschquellenarten und auf das Herausstellen einer Geräuschquelle, die innerhalb der Gesamtgeräuschsituation vorherrschend ist. Diese Arbeiten haben zwar zu verschiedenen Modelle für eine Gesamtlärmbetrachtung ([1, 128], und [129]) geführt, es ist jedoch offen, welches der Modelle den „Gesamtlärm" in bester Art und Weise beschreibt. Auf diesem Gebiet besteht somit noch erheblicher Forschungsbedarf.

Überlagerung von Verkehrsgeräuschen

Die VDI 3722 Blatt 2 [130] beschränkt sich in ihrem Anwendungsbereich auf die Überlagerung von Verkehrsgeräuschen, d. h. Luft-, Straßen- und Schienenverkehrgeräusche. Auf der Basis von Expositions-Wirkungsbeziehungen werden Verfahren angegeben, die beim gleichzeitigen Einwirken mehrerer Geräuschquellenarten auf die Wohnbevölkerung angewendet werden können. Im Einzelnen regelt die VDI 3722 Blatt 2 [130]:

- ein Verfahren zur Schätzung der Gesamtbelästigung auf Basis wirkungsäquivalenter Mittelungspegel für die einzelnen Geräuschquellenarten,
- ein Verfahren zur Schätzung der selbst berichteten Gesamtschlafstörung auf Basis wirkungsäquivalenter Mittelungspegel für die einzelnen Geräuschquellenarten und stellt,
- ein Hilfsmittel für die schalltechnische Bewertung von Planungsalternativen zur Verfügung.

Die VDI 3722 Blatt 2 [130] empfiehlt die Anwendung von Expositions-Wirkungsbeziehungen sowohl für die Bewertung der Belästigung als auch für die selbst berichtete Schlafstörung. Diese Expositions-Wirkungsbeziehungen sind dabei als temporäre Setzungen zu verstehen, die im Einvernehmen getroffen und mit entsprechenden Warnhinweisen versehen wurden. Als Datenbasis wird nachfolgend auf den EEA Technical Report [71] zurückgegriffen. Gleichzeitig wird ausdrücklich auf weiteren Forschungsaufwand hingewiesen.

Die Beeinträchtigungsfunktion B bezeichnet den funktionalen Zusammenhang zwischen Belastung und Beeinträchtigung im Sinne der Richtlinie. Sie ist definiert als:

$$B_j^k\left(L_{r,x,i}\right)$$

Dabei ist

k eine Beeinträchtigungsgröße, z. B. für $\%A$;
i Laufindex für die betrachteten Immissionspunkte;
j Laufindex für die betrachteten Geräuschquellenarten;
x steht für eine Pegelart, z. B. $L_{r,N}$.

Durch die Wahl der Beeinträchtigungsfunktion sind sowohl die akustischen Kenngrößen als auch die Kenngrößen der Beeinträchtigung festgelegt. Zur Beschreibung der Belastung werden folgende akustischen Kenngrößen benutzt:

Beurteilungspegel für Tag-Abend-Nacht, $L_{r,TAN}$

Dies ist ein A-bewerteter äquivalenter Langzeitmittelungspegel mit Zuschlägen während der drei Teilzeitintervalle für die Beurteilungszeit $T_r = 24$ h, der nach Gl. (299) bestimmt wird:

$$L_{r,\,TAN} = 10\lg\frac{1}{24}\left[t_1\times 10^{0,1\left(L_{A,1}+K_{R,1}\right)} + t_2\times 10^{0,1\left(L_{A,2}+K_{R,2}\right)} + t_3\times 10^{0,1\left(L_{A,3}+K_{R,3}\right)}\right]\times \mathrm{dB} \tag{29}$$

Dabei ist

Index 1 die Kennzeichnung des Zeitintervalls t von 06:00 Uhr bis 18:00 Uhr für den A-bewerteten äquivalenten Langzeitmittelungspegel L_A,
Index 2 die Kennzeichnung des Zeitintervalls t von 18:00 Uhr bis 22:00 Uhr für den A-bewerteten äquivalenten Langzeitmittelungspegel L_A,
Index 3 die Kennzeichnung des Zeitintervalls t von 22:00 Uhr bis 06:00 Uhr für den A-bewerteten äquivalenten Langzeitmittelungspegel L_A,
K_R Ruhezeitenzuschlag, $K_{R,1} = 0$, $K_{R,2} = 5$ dB und $K_{R,3} = 10$ dB:

Der Langzeitmittelwert L_A ergibt sich aus den drei Langzeitmittelwerten $L_{A,1}$, $L_{A,2}$ und $L_{A,3}$. Er entspricht dem L_{AT}(LT) in Gl. (6) der DIN ISO 9613-2 [27].

Der Beurteilungspegel für Tag-Abend-Nacht $L_{r,TAN}$, entspricht dem L_{den} (Day-Evening-Night-Level) der EU-Richtlinie 2002/49/EG [21].

Beurteilungspegel für die Nacht, $L_{r,N}$,

Für die Nachtzeit wird ein A-bewerteter äquivalenter Langzeitmittelungspegel verwendet, der für die Beurteilungszeit von $T_r = 8$ h gebildet und nach Gl. (30) berechnet wird:

$$L_{r,\,N} = 10\lg\frac{1}{8}\left[t_1\times\sum_j^{8} 10^{0,1\left(L_{pAFeq,j}(\mathrm{LT})\right)}\right]\mathrm{dB} \tag{30}$$

Dabei ist

Index 1 die Kennzeichnung des Zeitintervalls t von 22:00 Uhr bis 06:00 Uhr für den A-bewerteten äquivalenten Langzeitmittelungspegel L_A;
LT die Kennzeichnung für die Bezugnahme auf den Langzeitmittelungspegel;

Der $L_{r,N}$ entspricht dem L_{night} (Night-Level bzw. NL) der EU-Richtlinie 2002/49/EG [21].

Die Beeinträchtigung lässt sich durch eine der folgenden Kenngrößen beschreiben:

Prozent „stark Belästigte", %*HA*
: Darunter versteht man den Prozentsatz von Personen, die bei einer gegebenen Geräuschbelastung auf einer kontinuierlichen Belästigungsskala sehr hohe Werte wählen. Per Konvention wird eine Person als „stark belästigt" bezeichnet, wenn sie auf einer Belästigungsskala die oberen 28 % der Skalenlänge gewählt hat. Wir haben keine Schultz Literaturstelle.

Prozent „Schlafgestörte", %*SD*
: Prozentsatz von Personen, die bei einer gegebenen Geräuschbelastung auf einer kontinuierlichen Schlafstörungsskala die oberen 50 % der Skalenlänge wählen (*selbst berichtete Schlafstörung*).

Prozent „stark Schlafgestörte", %*HSD*
: Prozentsatz von Personen, die bei einer gegebenen Geräuschbelastung auf einer kontinuierlichen Schlafstörungsskala sehr hohe Werte wählen (*selbst* berichtete starke Schlafstörung).

Nach [71] kann der Prozentsatz durch eine Geräuschquelle belästigter (%*A*) im Bereich von 37 dB $\leq L_{r,NT} \leq$ 75 dB bestimmt werden. Die zugrunde gelegten Expositions-Wirkungs-Kurven hinsichtlich der Belästigung und starken Belästigung sind in Abb. 4 angegeben.

Nach [71] kann der Prozentsatz der durch eine Geräuschquelle schlafgestörter (%*SD*) Personen im Bereich von 40 dB $\leq L_{r,N} \leq$ 65 dB, wie nachfolgend beschrieben, bestimmt werden. Die zugrunde gelegten Expositions-Wirkungs-Kurven hinsichtlich der Schlafgestörten und stark Schlafgestörten sind in Abb. 4 angegeben.

Die VDI 3722 Blatt 2 [130] erfordert die Festlegung eines Untersuchungsgebietes, das durch die Aufgabenstellung definiert ist. Dieses Gebiet kann beispielsweise alle einwirkenden Geräuschquellen zur Bewertung einer bestimmten Situation umfassen. Als Grenzen sollten Verwaltungsgrenzen, Straßen, Bahnlinien o. ä. gewählt werden. Neben der Festlegung eines Untersuchungsgebiets ist auch noch die Definition eines Emissionsgebiets notwendig. Es kann entsprechend der Aufgabenstellung größer als das Untersuchungsgebiet sein, denn darin sollen alle Verkehrsgeräuschquellen liegen, deren Emissionen noch auf das zu untersuchende Gebiet einwirken. Als Grenzen sollten ebenfalls Verkehrswege gewählt werden.

Im Untersuchungsgebiet werden die Immissionspunkte so ausgewählt, dass die Belastung der Bevölkerung durch die zu untersuchenden Quellenarten repräsentativ erfasst wird. Bei der Ermittlung der Beeinträchtigungskenngröße für

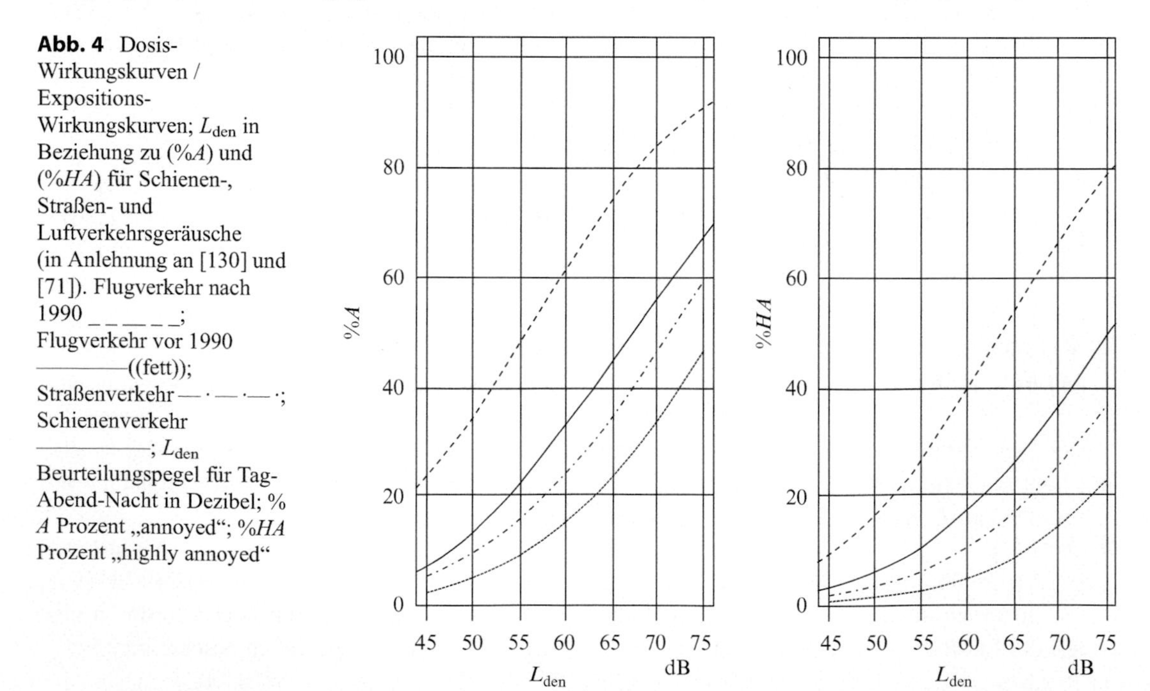

Abb. 4 Dosis-Wirkungskurven / Expositions-Wirkungskurven; L_{den} in Beziehung zu (%*A*) und (%*HA*) für Schienen-, Straßen- und Luftverkehrsgeräusche (in Anlehnung an [130] und [71]). Flugverkehr nach 1990 _ _ _ _ _ _; Flugverkehr vor 1990 ———((fett)); Straßenverkehr — · — · — ·; Schienenverkehr ————; L_{den} Beurteilungspegel für Tag-Abend-Nacht in Dezibel; %*A* Prozent „annoyed"; %*HA* Prozent „highly annoyed"

die Bevölkerung liegen die Immissionspunkte in 4 m Höhe über Gelände unmittelbar auf den Fassaden der Wohnbebauung. Je Gebäudefassade sollte mindestens ein Immissionspunkt gewählt werden. Die Immissionspunkte liegen immer in der Mitte der Fassade oder Teilfassade. Die Geräuschbelastung an den Immissionspunkten wird nach gängigen Verfahren berechnet.

Für die Durchführung des Substitutionsverfahrens hat die VDI 3722 Blatt 2 [130] zwei Hilfsgrößen eingeführt:

renormierte Ersatzpegel $L^*_{r,x,j}$
Dies ist der Wert einer quellenspezifischen Belastung, der bezogen auf Straßenverkehrsgeräusche $j = 1$ den gleichen Wert der Beeinträchtigung ergibt. Der Index x steht dabei für die Pegelarten und j für Geräuschquellenart Straßenverkehr, Schienenverkehr ($j = 2$) und Luftverkehr ($j = 3$).

effektbezogene Substitutionspegel L_{AES}
Als Ergebnis der energetischen Addition der A-bewerteten renormierten Ersatzpegel der Quellenarten erhält man den effektbezogene Substitutionspegel. Dieser wird für Schienenverkehr und Luftverkehr sowie dem A-bewerteten Pegel des Straßenverkehrs nach Gl. (31) bestimmt:

$$L_{AES,x,i} = 10 \lg \left[\sum_j 10^{0,1\left(L^*_{r,x,i,j}\right)} \right] \text{dB} \quad (31)$$

Dabei ist

$L^*_{r,x,i,j}$ A-bewerteter wirkungsbezogener Ersatzpegel des auf Straßenverkehrsgeräusche renormierten Pegels der Quellenart j;
x die jeweilige Pegelart, z. B. $L_{r,N}$;
i Laufindex für die betrachteten Immissionspunkte.

Das Verfahren der VDI 3722 Blatt 2 [130] ist in vier Schritte gegliedert: Zunächst wird mittels einer Beeinträchtigungsfunktion der Wert der Beeinträchtigung an einem Immissionsort i für die Geräuschquellenarten Schienen- und Luftverkehr ermittelt. Anschließend wird in Abhängigkeit von der gewählten Beeinträchtigung unter Verwendung der entsprechenden Umkehrfunktion der renormierte Ersatzpegel $L^*_{r,x,j}$ bestimmt. In einem zweiten Schritt werden dann die renormierten Ersatzpegel durch energetische Addition in den effektbezogenen Substitutionspegel überführt. Der dritte Schritt besteht darin, den effektbezogenen Substitutionspegel wieder mittels Beeinträchtigungsfunktion $B^k_{j=1}(L_{AES})$ als ein Kennwert der Beeinträchtigung zu berechnen. Danach wird im letzten Schritt die Beeinträchtigungskenngröße N_B bestimmt. Sie liefert eine Information über die Anzahl der durch Verkehrsgeräusche in einem Untersuchungsgebiet U beeinträchtigten Personen und wird nach Gl. (32) berechnet:

$$N^k_B = \sum_{i=1}^{I} n_i \times B^k_{i,j=1}\left(L_{AES,x,i}\right) \quad (32)$$

Dabei ist

i die laufende Nummer der Immissionspunkte;
I die Anzahl betrachteter Immissionspunkte:
n_i die Anzahl der dem Immissionspunkt i zuzurechnenden Betroffenen;
B die gewählte Beeinträchtigungsfunktion.

Die ermittelte Zahl ist eine Beeinträchtigungs- bzw. Vergleichsgröße, die jedoch keine Rückschlüsse auf die tatsächliche Anzahl beeinträchtigter Personen erlaubt.

Da die Lage, die Größe und der Grundriss der Wohnungen in den Gebäuden im Allgemeinen nicht bekannt sind, wird die Anzahl der Einwohner eines Gebäudes näherungsweise bestimmt. Hierzu sollten alle Einwohner eines Gebäudes gleichmäßig auf die für das Gebäude festgelegten Immissionspunkte verteilt werden. Durch die Vorgaben zur Festlegung der Immissionspunkte ist weitestgehend sichergestellt, dass für jede Wohnung mindestens ein Belastungspegel (Immissionspegel) ermittelt wird. Für die Bestimmung der Belastenzahlen können sowohl Daten der Einwohnermeldeämter als auch statistische Angaben über die je Einwohner verfügbare Wohnfläche verwendet werden. Bevölkerungsdaten liegen über das Bundesgebiet verteilt in unterschiedlicher Qualität und Auflösung vor. Sie reichen von Gesamteinwohnerzahlen einer Kommune bis hin zu gebäudegenauen Daten in amtlichen Statistiken verschiedener Institutionen, wie z. B. Kommunen, Kreisverwaltungen oder Landratsämter.

Bei der Untersuchung der Auswirkungen von Lärmminderungsmaßnahmen oder beim Vergleich verschiedener Planungsvarianten werden die Beeinträchtigungskenngrößen im Einwirkungsbereich der Maßnahmen oder Planungen ermittelt. Dabei ist der Einwirkungsbereich das Gebiet, in dem die für die Aufgabenstellung relevanten Werte der Beurteilungsfunktion größer null und die Geräuschsituation gegenüber der Ausgangssituation verändert sind. Dieser Bereich kann wesentlich größer als das ursprüngliche Untersuchungsgebiet sein. Es ist zu beachten, dass das Emissionsgebiet für den Einwirkungsbereich in der Regel nicht mit dem Emissionsgebiet des Untersuchungsgebiets identisch ist. Beim Vergleich mehrerer Planungsvarianten sind stets derselbe Einwirkungsbereich und dasselbe Emissionsgebiet zugrunde zu legen ...

7 Qualitätssicherung

Sowohl für die Darstellung der Ergebnisse durch Prognose als auch der durch Messungen gewonnenen Ergebnisse ist die Angabe einer Qualität erforderlich. In nahezu allen neueren Regelungen ist dies vorgeschrieben [66]. Ein wesentliches quantitatives Merkmal der Qualität ist die – durch die Anwendung des Ermittlungsverfahrens – bedingte Ergebnisunsicherheit. Das Messergebnis ist lediglich eine Näherung oder ein Schätzwert des Wertes der Messgröße. Daher ist eine Angabe der Messunsicherheit dieses Schätzwertes erforderlich [114, 131, 132]. Ohne die Angaben zur Ergebnisunsicherheit kann keine abgesicherte Entscheidung gefällt werden.

Die DIN SPEC 45660-1 [132] – im Sinne eines Fachberichts – ist eine Anleitung zur Ermittlung der Unsicherheiten von gemessenen oder prognostizierten akustischen Kenngrößen sowie zur Verwendung der Unsicherheiten beim Vergleich mit Anforderungswerten. Die in diesem Dokument bereitgestellten Informationen sollen bei der Erarbeitung von Normen auf akustischem Gebiet, wie Normen zur Schallemission, Schallimmission, Bauakustik, akustischen Produktmerkmalen, akustischen Messgeräten Berücksichtigung finden.

Zur Berechnung der Geräuschimmissionen im Freien stehen verschiedene Berechenungsverfahren zur Verfügung. Der Einsatz von EDV-Programmen gibt dem Anwender dabei die Möglichkeit, diese Rechenverfahren auf einfache, aber auch komplexe Situationen anzuwenden oder Variantenrechnungen auszuführen. Die qualifizierte Bearbeitung derartiger Aufgabenstellungen ist oft mit der Behandlung der folgenden Problemstellung verbunden:

- Komplexe Situationen werden durch große Datenmengen beschrieben, die in geeigneter Weise zur Verfügung gestellt, aufbereitet und verwaltet werden müssen.
- Die Komplexität einer Situation bzw. die Vielzahl von Berechnungen kann zu sehr langen Rechenzeiten führen, so dass Abgrenzungen und Vereinfachungen erforderlich werden, die Einfluss auf die Genauigkeit haben.
- Es können Sonderfälle auftreten, so u. a. für die Schallausbreitung, die in den festgelegten Regelwerken nicht oder nicht eindeutig geregelt sind.
- Das Endergebnis komplexer Situationen ist kaum nachprüfbar, so dass Fehler durch falsche Eingabedaten, durch ungenaue bzw. abweichende Berechnungen oder durch ungeeignete Anwendung des Programms schwer erkennbar sind.

Dem Anwender eines Berechnungsprogramms kommt es auf die Richtigkeit und Nachvollziehbarkeit des Ergebnisses an. Für die Eingabedaten und die Wahl des Berechnungsverfahrens ist der Anwender selbst verantwortlich. Der Hersteller eines Rechenprogramms stellt dazu Werkzeuge zur Verfügung. Für die Berechnungen mit einem qualitätsgesicherten Programm bedeutet Richtigkeit im Sinne von DIN 45687 die Nachbildung festgelegter Rechenverfahren innerhalb von Grenzen, die vom Anwender kontrolliert werden können. Hierzu wird fast immer auf Testaufgaben und -szenarien zugegriffen. Beispielhaft zu benennen sind hier die DIN ISO 9613-2 [27] mit ISO/TR 17534-3 [133], die Schall 03 [52] mit den Testaufgaben und die RLS-90 [39] mit Test 94 [134].

Hersteller entsprechender Software-Produkte erklären durch Ankreuzen auf QSI-Formblättern die Konformität mit den jeweiligen Regelwerken. Dabei sind mögliche Einschränkungen stets zu erläutern. Der Hersteller hat weiterhin zu versichern, dass alle auf ein Regelwerk bezogenen Testaufgaben mit einer auf dieses Regelwerk bezogenen Referenzeinstellung des Programms innerhalb der zulässigen Toleranzgrenzen richtig gelöst werden.

Für die Qualitätssicherung werden auch Benchmark-Test durchgeführt, die in der DIN EN ISO 17201-3 [96] beschrieben sind. Dabei werden Testaufgaben oder – szenarien mit bestimmten Verfahren berechnet und ein Ergebnisbereich (Range) angegeben.

Der Qualitätssicherung in den Bereichen Datenaustausch, Berechnungen und Angabe von Ergebnissen dienen festgelegte Qualitätsanforderungen, Prüfbestimmungen und weitere Fest-legungen (siehe DIN 45687 [135], zugehörige Dokumentationen 1 bis 4 [136–139] und die ISO 17534-Reihe [133, 140, 141]). Diesbezügliche Inhalte werden nachfolgend umrissen.

DIN 45687 [135] legt dafür Qualitätsanforderungen und Prüfbedingungen für die computergestützte Berechnung der Schallausbreitung im Freien fest. Diese Norm spezifiziert ein allgemeingültiges Datenformat, welches den Datenaustausch zwischen unterschiedlichen Anwendungen mittels Computerprogrammen ermög-licht. Die Prüfung erfolgt auf der Grundlage von Testaufgaben und unter Einbeziehung statistischer Verfahren. Dazu haben die nach der DIN 45687 [135] qualitätsgesicherten Programme eine Referenzeinstellung, in der die Programmschalter so eingestellt sind, dass die Berechnungsverfahren vom Programm ohne Näherungen oder vereinfachenden Annahmen ausgeführt werden. In dieser Einstellung liefert ein qualitätsgesichertes Programm richtige Ergebnisse im Sinne dieser Norm. Es können jedoch besondere Fälle auftreten, die so komplex sind, dass die Aufgabe grundsätzlich nicht in der Referenzeinstellung der Programme durchgeführt werden können. In solchen Fälle können die Programmschaltergenutzt werden, die Vereinfachungen ermöglichen und so die Rechenläufe beschleunigen.

Ergänzt wird die DIN 45687 [135] durch vier-Dokumentationen unter dem Haupttitel „Dokumentation zur Qualitätssicherung von Software zur Geräuschimmissionsberechnung nach DIN 45687“.

Die **Dokumentation 1** [136] legt das QSI-Datenformat und den Aufbau einer QSI-Modelldatei für den Austausch von Modelldaten zur Berechnung von Geräuschimmissionen im Freien fest.

Die **Dokumentation 2** [137] benennt regelwerkskonforme Testaufgaben, die als Prüfbausteine für Software-Erzeugnisse (Programme) für die Berechnungen der Schallausbreitung im Freien im Zusammenhang mit DIN 45687 [135] dienen.

Die **Dokumentation 3** [138] liefert Vorlagen für das Ausfüllen von QSI-Formblättern und gilt für Software-Erzeugnisse (Programme), mit denen Berechnungen zur Schallausbreitung im Freien vorgenommen werden können.

Die **Dokumentation 4** [139] beinhaltet informative Testaufgaben (siehe Abb. 5), die mit Näherungen, vereinfachten Annahmen oder Beschleunigungsroutinen berechnet werden kön-nen (siehe auch ISO 17534-1 [140] und Abb. 6). Zur Berechnung der Immissionen im Freien stehen festgelegte Rechenverfahren zur Verfügung, die in Regelwerkenniedergelegt sind. Die DIN 45687 [135] gibt Methoden und Verfahren an, um die Umsetzung der Berechnungsverfahren in EDV-Programmen auf ihre Richtigkeit zu prüfen und die Qualität der Umsetzung sicherzustellen.

Die International Normenreihe ISO 17534 [133, 140, 141] ist als internationale Fortsetzung der Inhalte von DIN 45687 [135] einschließlich der damit veröffentlichten Dokumentationen zu betrachten. Diese Normenreihe setzt sich bislang aus den ISO 17534-1 [140], ISO/TR 17534-2 [141] und ISO/TR 17534-3 [133] zusammen.

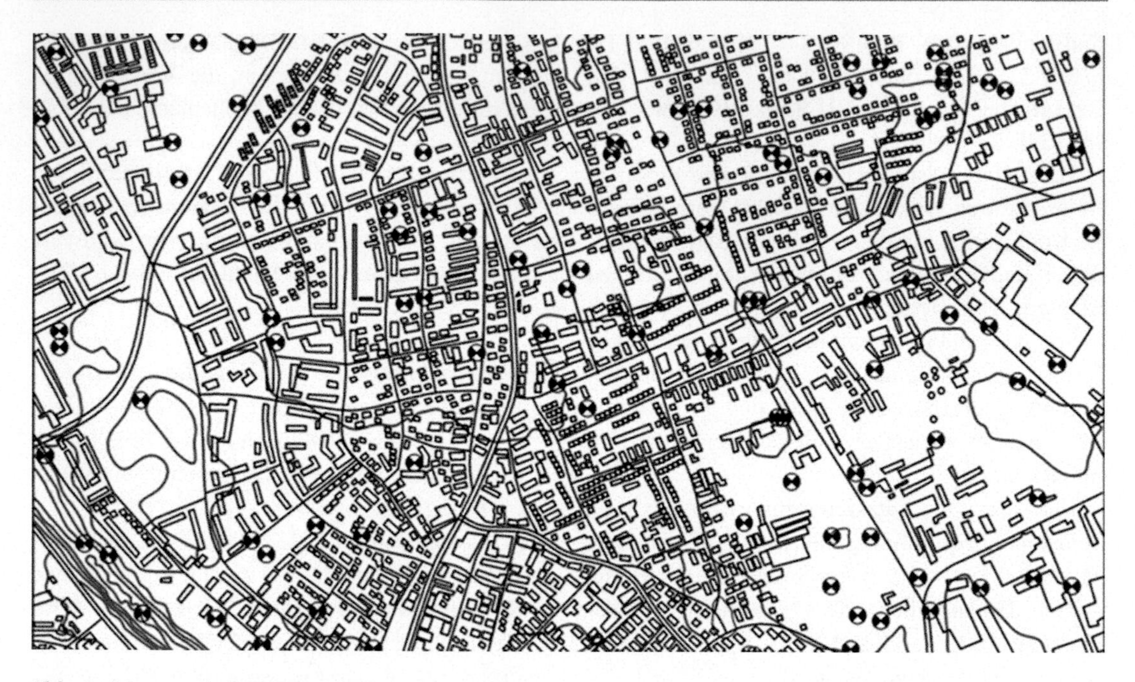

Abb. 5 Musterstadt QSDO (Testszenario in der Dimension einer Stadt der Größe von Dortmund) [139]

Abb. 6 Teil der Musterstadt QSDO mit ausgewiesenen Immissionspunkten in Anlehnung an ISO 17534-1 [140]

Literatur

1. Interdisziplinärer Arbeitskreis für Lärmwirkungsfragen beim Umweltbundesamt: Die Beeinträchtigung der Kommunikation durch Lärm. Z f Lärmbekämpfung **32**, 95–99 (1985)
2. VDI 3722 Blatt 1:1988–08, Wirkungen von Verkehrslärm. Beuth, Berlin (1988)
3. Berglund, B., Lindvall, T.: Community noise. Archives of the center for sensory research, Bd. 2(1). Stockholm University and Karolinska Institute, Stockholm (1995)
4. Ising, H., Kruppa, B., Babisch, W., Gottlob, D., Guski, R., Maschke, C., Spreng, M.: Lärm. In: Wichmann, H.E., Schlipköter, H.W., Fülgraff, G. (Hrsg.) Handbuch der Umweltmedizin. ecomed. Landsberg, 22. Ergänzungslieferung (2001)
5. Job, R.F.S.: Community response to noise: a review of factors influencing the relationship between noise exposure and reaction. J. Acoust. Soc. Am. **83**, 991–1001 (1988)
6. DIN EN 61672-1:2014–07, Elektroakustik – Schallpegelmesser – Teil 1: Anforderungen (IEC 61672-1:2013); Deutsche Fassung EN 61672-1:2013. Beuth, Berlin (2014)
7. DIN EN ISO 9612:2009–09, Akustik – Bestimmung der Lärmexposition am Arbeitsplatz – Verfahren der Genauigkeitsklasse 2 (Ingenieurverfahren) (ISO 9612:2009); Deutsche Fassung EN ISO 9612:2009. Beuth, Berlin (2009)
8. DIN ISO 226:2006–04, Akustik – Normalkurven gleicher Lautstärkepegel (ISO 226:2003). Beuth, Berlin (2006)
9. DIN 45657:2014–07, Schallpegelmesser – Zusatzanforderungen für besondere Messaufgaben. Beuth, Berlin (2014)
10. DIN EN 61762-2:2014–07, Elektroakustik – Schallpegelmesser – Teil 2: Baumusterprüfung (IEC 61672-2:2013); Deutsche Fassung EN 61672-2:2013. Beuth, Berlin (2014)
11. DIN EN 61672-3:2014–07, Elektroakustik – Schallpegelmesser – Teil 3: Periodische Einzelprüfung (IEC 61672-3:2013); Deutsche Fassung EN 61672-3:2013. Beuth, Berlin (2014)
12. DIN 45645-1:1996–07, Ermittlung von Beurteilungspegeln aus Messungen, Geräuschimmissionen in der Nachbarschaft. Beuth, Berlin (1996)
13. DIN 45680:1997–03, Messung und Bewertung tieffrequenter Geräuschimmissionen in der Nachbarschaft. Beuth, Berlin (1997)
14. ISO 1996-1:2003–08, Acoustics – Description, measurement and assessment of environmental noise – Part 1: Basic quantities and assessment procedures. ISO, Genf (2003)
15. DIN EN 61012:1998–09, Filter für die Messung von hörbarem Schall im Beisein von Ultraschall (IEC 61012:1990); Deutsche Fassung EN 61012:1998. Beuth, Berlin (1998)
16. ISO 7196:1995, Acoustics – Frequency-weighting characteristics for infrasound measurements. ISO, Genf (1995)
17. DIN 45641:1990–06, Mittelung von Schallpegeln. Beuth, Berlin (1990)
18. DIN 45643:2011–02: Messung und Beurteilung von Fluggeräuschen; Text Deutsch und Englisch. Beuth, Berlin (2011)
19. VDI 3723 Blatt 1:1993–05, Anwendung statistischer Methoden bei der Kennzeichnung schwankender Geräuschimmissionen. Beuth, Berlin (1993)
20. VDI 3723 Blatt 2:2006–03: Anwendung statistischer Methoden bei der Kennzeichnung schwankender Geräuschimmissionen – Teil 2: Qualitätsprüfung bei der Beurteilung von Geräuschsituationen. Beuth, Berlin (2006)
21. Richtlinie 2002/49/EG des Europäischen Parlaments und des Rates vom 25.06.2002 über die Bewertung und Bekämpfung von Umgebungslärm. ABl EG L 189 vom 18.07.2002, S. 12 (2002)
22. ANSI S 12.9 Part 4:2005: Quantities and procedures for description and measurement of environmental sound – part 4: noise assessment and prediction of long-term community response. American National Standards Institute (ANSI), New York (2005)
23. DIN 45645-2:2012–09, Ermittlung von Beurteilungspegeln aus Messungen, – Teil 2: Ermittlung des Beurteilungspegels am Arbeitsplatz bei Tätigkeiten unterhalb des Pegelbereiches der Gehörgefährdung. Beuth, Berlin (2012)
24. Kryter, K.D.: Effects of noise on man. 2. Aufl. Academic, New York (1985)
25. DIN 45681:2005–03, Akustik – Bestimmung der Tonhaltigkeit von Geräuschen und Ermittlung eines Tonzuschlages für die Beurteilung von Geräuschimmissionen. Beuth, Berlin / DIN 45681 Berichtigung 2:2006–08, Akustik – Bestimmung der Tonhaltigkeit von Geräuschen und Ermittlung eines Tonzuschlages für die Beurteilung von Geräuschimmissionen, Berichtigungen zu DIN 45681:2005–03, mit CD. Beuth, Berlin (2005)
26. Guski R, Probst W (1989) Störwirkungen von Sportgeräuschen im Vergleich zu Störwirkungen von Gewerbe- und Arbeitsgeräuschen. Forschungsbericht 10501317/02. Umweltbundesamt, Berlin (1989)
27. DIN ISO 9613-2:1999–10, Akustik – Dämpfung des Schalls bei der Ausbreitung im Freien, Teil 2: Allgemeines Berechnungsverfahren (ISO 9613-2: 1996). Beuth, Berlin (1999)
28. ISO 1996-2:2007–03, Acoustics – description, measurement and assessment of environmental noise – part 2: determination of environmental noise levels. ISO, Genf (2007)
29. Gottlob, D., Ising, H.: Ableitung von Grenzwerten (Umweltstandards) – Lärm. In: Wichmann, H.E., Schlipköter, H.W., Fülgraff, G. (Hrsg.) Handbuch der Umweltmedizin. ecomed. Landsberg, 19. Ergänzungslieferung (2000)

30. Gesetz zum Schutz gegen Fluglärm in der Fassung der Bekanntmachung vom 31. Oktober 2007 (BGBl. I, S. 2550) Stand: Neugefasst durch Bek. v. 31.10.2007 I 2550 (2007)
31. Beiblatt 1 zu DIN 18005-1: Schalltechnische Orientierungswerte für die städtebauliche Planung. Beuth, Berlin (1987)
32. DIN 45682:2002–09, Schallimmissionspläne. Beuth, Berlin (2002)
33. Kubicek, E.: Vorkommen, Messung, Wirkung und Bewertung von extrem tieffrequentem Schall einschließlich Infraschall in der kommunalen Wohnumwelt. Dissertation, TH Zwickau (1989)
34. DIN 45680 Beiblatt 1:1997–03: Hinweise zur Beurteilung bei gewerblichen Anlagen. Beuth, Berlin (1997)
35. Sechzehnte Verordnung zur Durchführung des Bundes-Immissionsschutzgesetzes (Verkehrslärmschutzverordnung – 16. BImSchV) vom 12. Juni 1990 (BGBl. I S. 1036), die durch Artikel 1 der Verordnung vom 18. Dezember 2014 (BGBl. I S. 2269) geändert worden ist
36. Vierunddreißigste Verordnung zur Durchführung des Bundes-Immissionsschutzgesetzes (Verordnung über die Lärmkartierung) vom 6. März 2006 (BGBl. I S. 516) die zuletzt durch Artikel 84 der Verordnung vom 31. August 2015 (BGBl. I S. 1474) geändert worden ist
37. Bekanntmachung der Vorläufigen Berechnungsverfahren für den Umgebungslärm nach § 5 Abs. 1 der Verordnung über die Lärmkartierung (34. BImSchV) vom 22. Mai 2006. (BAnz. Nr. 154a vom 17.08.2006, S. 3) (2006)
38. DIN 45642:2004–06: Messung von Verkehrsgeräuschen. Beuth, Berlin (2004)
39. Richtlinie für Lärmschutz an Straßen – RLS 90: ABl des Bundesministers für Verkehr, Nr 7 vom 14.04.1990, lfd Nr 79 (1990)
40. Bartolomaeus, W.; Schade, L.: VBUS und RLS-90. In: ZfL, Bd. 53, Nr. 4, S. 115–117 (2006)
41. DIN 18005-1:2002–07: Schallschutz im Städtebau – Teil 1: Grundlagen und Hinweise für die Planung. Beuth, Berlin (2002)
42. Baunutzungsverordnung (BauNVO) in der Fassung der Bekanntmachung vom 23.01.1990. BGBl. I Nr. 3 vom 26.01.1990 S 132, die zuletzt durch Artikel 2 des Gesetzes vom 11. Juni 2013 (BGBl. I S. 1548) geändert worden ist (1990)
43. Bundesminister für Verkehr: Richtlinien für den Verkehrslärmschutz an Bundesfernstraßen in der Baulast des Bundes (VLärmSchR). Verkehrsblatt, S. 434–452 (1997)
44. Hölder, M.L.: Die Verordnung zum Schutz vor Verkehrslärm. In: Koch, H.J. Hrsg. Schutz vor Lärm. Nomos, Baden-Baden (1990)
45. Vierundzwanzigste Verordnung zur Durchführung des Bundes-Immissionsschutzgesetzes (Verkehrslärm-Schutzmaßnahmenverordnung – 24. BImSchV) vom 04.02.1997. BGBl. I Nr. 8 vom 12.02.1997 S. 172; ber. BGBl. I Nr. 33 vom 02.06.1997 S. 1253, zuletzt geändert am 23.09.1997 durch Artikel 3 der Magnetschwebebahnverordnung. BGBl. I Nr. 64 vom 25.09.1997, S. 2329 (1997)
46. Der Rat der Sachverständig für Umweltfragen: Sondergutachten „Umwelt und Gesundheit, Risiken richtig einschätzen“. Metzler Poeschel, Reutlingen (1999)
47. VDI 2719:1987–08: Schalldämmung von Fenstern und deren Zusatzeinrichtungen. Beuth, Berlin (1987)
48. Verordnung über bauliche Schallschutzanforderungen nach dem Gesetz zum Schutz gegen Fluglärm (SchallschutzVO) vom 05.04.1974. Bundesgesetzblatt I 1974, S. 903–904 (1974)
49. Personenbeförderungsgesetz (PBefG) vom 8. August 1990 (BGBl. I S. 1690), das zuletzt durch Artikel 482 der Verordnung vom 31. August 2015 (BGBl. I S. 1474) geändert worden ist
50. DIN 4109:1989–11: Schallschutz im Hochbau, Anforderungen und Nachweise. Beuth, Berlin (aber Berichtigungen zu DIN 4109/11.89, DIN 4109 Bbl 1/11.89 und DIN 4109 Bbl 2/11.89 und Neuausgaben als Entwürfe) (1989)
51. DEGA: Schallschutz im Wohnungsbau – Schallschutzausweis. (DEGA-Empfehlung 103), März (2009)
52. Verordnung zur Änderung der Sechzehnten Verordnung zur Durchführung des Bundes-Immissionsschutzgesetzes (Verkehrslärmschutzverordnung – 16. BImSchV) vom demnächst
53. http://ec.europa.eu/environment/noise/cnossos.htm. Zugegriffen am 19.09.2014
54. Bund/Länder Arbeitsgemeinschaft für Immissionsschutz (LAI): Hinweise zur Ermittlung und Beurteilung der Fluglärmimmissionen in der Umgebung von Landeplätzen (Hinweise zu Fluglärm an Landeplätzen) (2008)
55. Luftverkehrsgesetz vom 1. August 1922 (RGBl. 1922 I S. 681), das durch Artikel 567 der Verordnung vom 31. August 2015 (BGBl. I S. 1474) geändert worden ist
56. DIN 45684-1:2013–07: Akustik – Ermittlung von Fluggeräuschimmissionen an Landeplätzen, Teil 1: Berechnungsverfahren, Text Deutsch und Englisch. Beuth, Berlin (2013)
57. Bekanntmachung der Anleitung zur Datenerfassung über den Flugbetrieb (AzD) und der Anleitung zur Berechnung von Lärmschutzbereichen (AzB) Vom 19. November 2008. (BAnz. Nr. 195a vom 23.12.2008, S. 2) (2008)
58. Myck, T., Vogelsang, B.M.: Die Ermittlung von Lärmschutzbereichen nach dem novellierten Gesetz zum Schutz gegen Fluglärm. In Lärmbekämpfung, **2**(4), 127–134 (2007)
59. Myck, T., Vogelsang, B.M.: Qualitätssicherung von Fluglärm-Berechnungsprogrammen. In Lärmbekämpfung, **4**(1), 8–14 (2009)
60. Krüger, A., Myck, T., Vogelsang, B.: Modellierung von Hubschrauber-Flugverfahren für Fluglärmberechnungen, 36. Jahrestagung für Akustik – DAGA 2010. Berlin (2010)

61. DIN 45684-2: Akustik – Ermittlung von Fluggeräuschimmissionen an Landeplätzen – Teil 2: Bestimmung akustischer und flugbetrieblicher Kenngrößen (2015)
62. Anleitung zur Berechnung von Lärmschutzbereichen an zivilen und militärischen Flugplätzen nach dem Gesetz zum Schutz gegen Fluglärm vom 30. März 1971 (BGBl. I, S. 282) – Anleitung zur Berechnung (AzB) – vom 27.02.1975 (GMBl. Nr. 8, S. 162) (1971)
63. https://www.ecac-ceac.org//publications_events_news/ecac_documents/ecac_docs
64. Isermann, U., Vogelsang, B.M.: AzB and ECAC Doc.29 – Two best-practice European aircraft noise prediction models. Noise Control Eng. J. **58**(4), S. 455–461(7) (2010)
65. Flugplatz-Schallschutzmaßnahmenverordnung vom 8. (BGBl. I S. 2992) (2. FlugLSV) (2009)
66. Sechste Allgemeine Verwaltungsvorschrift zum Bundes-Immissionsschutzgesetz (TA Lärm) vom 26.08.1998. GMBl. Nr. 26 vom 28.08.1998, S. 503 (1998)
67. VDI 3745 Blatt 1:1993–05: Beurteilung von Schießgeräuschimmissionen. Beuth, Berlin (1993)
68. Achtzehnte Verordnung zur Durchführung des Bundes-Immissionsschutzgesetzes (Sportanlagen-Lärmschutzverordnung – 18. BImSchV) vom 18. Juli 1991 (BGBl. I S. 1588, 1790), die durch Artikel 1 der Verordnung vom 9. Februar 2006 (BGBl. I S. 324) geändert worden ist (1991)
69. VDI 3770:2012–09: Emissionskennwerte von Schallquellen – Sport- und Freizeitanlagen/Characteristic noise emission values of sound sources – facilities for recreational and sporting activities. Beuth, Berlin (2012)
70. Bund/Länder Arbeitsgemeinschaft für Immissionsschutz (LAI): Hinweise zur Ermittlung von Planungszonen zur Siedlungsentwicklung an Flugplätzen im Geltungsbereich des Gesetzes zum Schutz gegen Fluglärm (Flughafen-Fluglärm-Hinweise) (2011)
71. Good practice guide on noise exposure and potential health effects. Copenhagen: 2010 (European Environment Agency Technical report No 11/2010) (2010)
72. Gesetz zum Schutz vor schädlichen Umwelteinwirkungen durch Luftverunreinigungen, Geräusche, Erschütterungen und ähnliche Vorgänge (BImSchG) in der Fassung der Bekanntmachung vom 17. Mai 2013 (BGBl. I S. 1274), daszuletzt durch Artikel 76 der Verordnung vom 31. August 2015 (BGBl. I S. 1474) geändert worden ist (2013)
73. Beckert, C., Chotjewitz, I.: TA Lärm. Schmidt, 2. Aufl. Erich Schmidt, Berlin (2008)
74. Gottlob, D.: Beurteilung von Geräuschimmissionen. In: Kalmbach, S. (Hrsg.) Immissions schutzrecht und Luftreinhaltung – Fachdatenbank. UBMedia (2001)
75. Hansmann, K.: TA Lärm. Beck, München (2000)
76. Kötter, J., Kühner, D.: TA Lärm '98. Immissionsschutz **2**, 54–63 (2000)
77. Länderausschuss für Immissionsschutz: Musterverwaltungsvorschrift zur Ermittlung, Beurteilung und Verminderung von Geräuschimmissionen, Anhang B Freizeit-Richtlinie. Verabschiedet in der 88. Sitzung des Länderausschusses für Immissionsschutz vom 2.–4. Mai 1995 in Weimar (1995)
78. Allgemeine Verwaltungsvorschrift zum Schutz gegen Baulärm – Geräuschimmissionen vom 19.08.1970. Beilage zum Bundesanzeiger Nr. 160 vom 01.09.1970 (1970)
79. 32. Verordnung zur Durchführung des Bundes-Immissionsschutzgesetzes (Geräte- und Maschinenlärmschutzverordnung – 32. BImSchV vom 29. August 2002 (BGBl. I, S. 3478), die zuletzt durch Artikel 83 der Verordnung vom 31. August 2015 (BGBl. I S. 1474) geändert worden ist
80. DIN EN ISO 3740iger-Reihe:
81. DIN EN ISO 3740:2001–03, Akustik – Bestimmung des Schallleistungspegels von Geräuschquellen – Leitlinien zur Anwendung der Grundnormen (ISO 3740:2000); Deutsche Fassung EN ISO 3740:2000. Beuth, Berlin (2001)
82. DIN EN ISO 3741:2011–01, Akustik – Bestimmung der Schallleistungs- und Schallenergiepegel von Geräuschquellen aus Schalldruckmessungen – Hallraumverfahren der Genauigkeitsklasse 1 (ISO 3741:2010); Deutsche Fassung EN ISO 3741:2010. Beuth, Berlin (2011)
83. DIN EN ISO 3743-1:2011–01, Akustik – Bestimmung der Schallleistungs- und Schallenergiepegel von Geräuschquellen aus Schalldruckmessungen – Verfahren der Genauigkeitsklasse 2 für kleine, transportable Quellen in Hallfeldern – Teil 1: Vergleichsverfahren in einem Prüfraum mit schallharten Wänden (ISO 3743-1:2010); Deutsche Fassung EN ISO 3743-1:2010. Beuth, Berlin (2011)
84. DIN EN ISO 3743-2:2009–11, Akustik – Bestimmung der Schallleistungspegel von Geräuschquellen aus Schalldruckmessungen – Verfahren der Genauigkeitsklasse 2 für kleine, transportable Quellen in Hallfeldern – Teil 2: Verfahren für Sonder-Hallräume (ISO 3743-2:1994); Deutsche Fassung EN ISO 3743-2:2009. Beuth, Berlin (2009)
85. DIN EN ISO 3744:2011–02, Akustik – Bestimmung der Schallleistungs- und Schallenergiepegel von Geräuschquellen aus Schalldruckmessungen – Hüllflächenverfahren der Genauigkeitsklasse 2 für ein im Wesentlichen freies Schallfeld über einer reflektierenden Ebene (ISO 3744:2010); Deutsche Fassung EN ISO 3744:2010. Beuth, Berlin (2011)
86. DIN EN ISO 3745:2012–07, Akustik – Bestimmung der Schallleistungs- und Schallenergiepegel von Geräuschquellen aus Schalldruckmessungen – Verfahren der Genauigkeitsklasse 1 für reflexionsarme Räume und Halbräume (ISO 3745:2012); Deutsche Fassung EN ISO 3745:2012. Beuth, Berlin (2012)
87. DIN EN ISO 3746:2011–03, Akustik – Bestimmung der Schallleistungs- und Schallenergiepegel von Geräuschquellen aus Schalldruckmessungen – Hüllflächenverfahren der Genauigkeitsklasse 3 über einer reflektierenden Ebene (ISO 3746:2010); Deutsche Fassung EN ISO 3746:2010. Beuth, Berlin (2011)

88. DIN EN ISO 3747:2011–03, Akustik – Bestimmung der Schallleistungs- und Schallenergiepegel von Geräuschquellen aus Schalldruckmessungen – Verfahren der Genauigkeitsklassen 2 und 3 zur Anwendung in situ in einer halligen Umgebung (ISO 3747:2010); Deutsche Fassung EN ISO 3747:2010. Beuth, Berlin (2011)
89. DIN ISO 8297: Akustik – Bestimmung der Schallleistungspegel von Mehr-Quellen-Industrieanlagen für die Abschätzung von Schalldruckpegeln in der Umgebung – Verfahren der Genauigkeitsklasse 2 (ISO 8297:1994). Beuth, Berlin (1994)
90. Heiß, A., Krapf, K.G., Müller, D.: Qualitätssicherung von Schallimmissionsmessungen; Trennung von Quellgeräusch und Fremdgeräusch durch Anwendung der Perzentilvertrauensbereiche – mit praktischen Beispielen. In: Schalltechnik ’98 TA Lärm, VDI-Berichte, S 1386. VDI, Düsseldorf (1998)
91. Martinez, S.C.: Qualität von Immissionsprognosen nach TA Lärm. Z f Lärmbekämpfung **47**, 39–44 (2000)
92. Piorr, D.: Zum Nachweis der Einhaltung von Geräuschimmissionswerten mittels Prognose. Z f Lärmbekämpfung **48**, 172–175 (2001)
93. Probst, W., Donner, U.: Die Unsicherheit des Beurteilungspegels bei der Immissionsprognose. Z f Lärmbekämpfung **49**, 86–90 (2002)
94. DIN EN ISO 17201-1:2005–11: Akustik – Geräusche von Schießplätzen – Teil 1: Bestimmung des Mündungsknalls durch Messung (ISO 17201-1:2005); Deutsche Fassung EN ISO 17201-1:2005. Beuth, Berlin (2005)
95. DIN EN ISO 17201-2:2006–10: Akustik – Geräusche von Schießplätzen – Teil 2: Bestimmung des Mündungsknalls und des Geschossgeräusches durch Berechnung (ISO 17201-2:2006); Deutsche Fassung EN ISO 17201-2:2006. Beuth, Berlin (2006)
96. DIN EN ISO 17201-3:2010–06: Akustik – Geräusche von Schießplätzen – Teil 3: Anleitung für die Berechnung der Schallausbreitung (ISO 17201-3:2010); Deutsche Fassung EN ISO 17201-3:2010. Beuth, Berlin (2010)
97. DIN EN ISO 17201-4:2006–07: Akustik – Geräusche von Schießplätzen – Teil 4: Abschätzung des Geschossgeräusches (ISO 17201-4:2006); Deutsche Fassung EN ISO 17201-4:2006. Beuth, Berlin (2006)
98. DIN EN ISO 17201-5:2010–06: Akustik – Geräusche von Schießplätzen – Teil 5: Lärmmanagement (ISO 17201-5:2010); Deutsche Fassung EN ISO 17201-5:2010. Beuth, Berlin (2010)
99. Hirsch, K.-W.: Zur Vorausberechnung von Schießgeräuschen mit der Norm DIN ISO 9613. In: Lärmbekämpfung Bd. 8, Nr. 3, S. 108–117 (2013)
100. Hirsch, K.-W., Vogelsang, B.M.: Kooperatives Lärmmanagement – Ein Verfahren zur Optimierung des Immissionsschutzes. In: Zeitschift für Lärmbekämpfung, Bd. 3, Nr.1, S. 7–15. (2008)
101. Arbeitsstättenverordnung vom 12. August 2004 (BGBl. I S. 2179) (ArbStättV), die zuletzt durch Artikel 4 der Verordnung vom 19. Juli 2010 (BGBl. I S. 960) geändert worden ist (2010)
102. Verordnung zum Schutz der Beschäftigten vor Gefährdungen durch Lärm und Vibrationen (Lärm- und Vibrations-Arbeitsschutzverordnung – LärmVibrationsArbSchV) vom 6. März 2007 (BGBl. I S. 261) (2007)
103. TRLV Lärm – Teil: Allgemeines; (Technische Regel zur Lärm- und Vibrations-Arbeitsschutzverordnung – TRLV Lärm); GMBl. Nr. 18–20 vom 23. März 2010, S. 359 (2010)
104. TRLV Lärm Teil 1: Beurteilung der Gefährdung durch Lärm; (Technische Regel zur Lärm- und Vibrations-Arbeitsschutzverordnung – TRLV Lärm); GMBl. Nr. 18–20 vom 23. März 2010, S. 362 (2010)
105. TRLV Lärm Teil 2: Messung von Lärm; (Technische Regel zur Lärm- und Vibrations-Arbeitsschutzverordnung – TRLV Lärm); GMBl. Nr. 18–20 vom 23. März 2010, S. 378 (2010)
106. TRLV Lärm Teil 3: Lärmschutzmaßnahmen; (Technische Regel zur Lärm- und Vibrations-Arbeitsschutzverordnung – TRLV Lärm); GMBl. Nr. 18–20 vom 23. März 2010, S. 384 (2010)
107. TRLV Vibrationen – Teil Allgemeines, (Technische Regel zur Lärm- und Vibrations-Arbeitsschutzverordnung – TRLV Vibrationen); GMBl. Nr. 14/15 vom 10. März 2010, S. 271 (2010)
108. TRLV Vibrationen – Teil 1: Beurteilung der Gefährdung durch Vibrationen; (Technische Regel zur Lärm- und Vibrations-Arbeitsschutzverordnung – TRLV Vibrationen); GMBl. Nr. 14/15 vom 10. März 2010, S. 274 (2010)
109. TRLV Vibrationen – Teil 2: Messung von Vibrationen; (Technische Regel zur Lärm- und Vibrations-Arbeitsschutzverordnung – TRLV Vibrationen); GMBl. Nr. 14/15 vom 10. März 2010, S. 301 (2010)
110. TRLV Vibrationen – Teil 3: Vibrationsschutzmaßnahmen; (Technische Regel zur Lärm- und Vibrations-Arbeitsschutzverordnung – TRLV Vibrationen); GMBl. Nr. 14/15 vom 10. März 2010, S. 304 (2010)
111. Gesetz über die Durchführung von Maßnahmen des Arbeitsschutzes zur Verbesserung der Sicherheit und des Gesundheitsschutzes der Beschäftigten bei der Arbeit (Arbeitsschutzgesetz – ArbSchG); vom 7. August 1996 (BGBl. I S. 1246), das zuletzt durch Artikel 8 des Gesetzes vom 19. Oktober 2013 (BGBl. I S. 3836) geändert worden ist (2013)
112. VDI 2058 Blatt 3:2014–08: Beurteilung von Lärm am Arbeitsplatz unter Berücksichtigung unterschiedlicher Tätigkeiten. Beuth, Berlin (2014)
113. VDI 3766:2012–09: Ultraschall – Arbeitsplatz – Messung, Bewertung, Beurteilung und Minderung. Beuth, Berlin (2012)
115. DIN V ENV 13005:1999–06: Leitfaden zur Angabe der Unsicherheit beim Messen; Deutsche Fassung ENV 13005. Beuth, Berlin (1999)
116. DIN EN ISO 10052:2005–03: Akustik – Messung der Luftschalldämmung und Trittschalldämmung und des Schalls von haustechnischen Anlagen in Gebäuden –

Kurzverfahren (ISO 10052:2004); Deutsche Fassung EN ISO 10052:2004. Beuth, Berlin (2005)
117. DIN EN ISO 717-1:2013–06: Akustik – Bewertung der Schalldämmung in Gebäuden und von Bauteilen – Teil 1: Luftschalldämmung (ISO 717-1:2013); Deutsche Fassung EN ISO 717-1:2013. Beuth, Berlin (2013)
118. DIN EN ISO 717-2:2013–06: Akustik – Bewertung der Schalldämmung in Gebäuden und von Bauteilen – Teil 2: Trittschalldämmung (ISO 717-2:2013); Deutsche Fassung EN ISO 717-2:2013. Beuth, Berlin (2013)
119. VDI 2569:1990–01: Schallschutz und akustische Gestaltung im Büro. Beuth, Berlin (1990)
120. DIN 4109-11:2010–05: Schallschutz im Hochbau – Teil 11: Nachweis des Schallschutzes – Güte- und Eignungsprüfung. Beuth, Berlin (2010)
121. VDI 4100:2012–10: Schallschutz im Hochbau – Wohnungen – Beurteilung und Vorschläge für erhöhten Schallschutz. Beuth, Berlin (2012)
122. VDI 2081 Blatt 1:2001–07: Geräuscherzeugung und Lärmminderung in Raumlufttechnischen Anlagen. Beuth, Berlin (2001)
122. DIN 1946-4:2008–12: Raumlufttechnik – Teil 4: Raumlufttechnische Anlagen in Gebäuden und Räumen des Gesundheitswesens. Beuth, Berlin (2008)
123. DIN 1946-7:2009–07: Raumlufttechnik – Teil 7: Raumlufttechnische Anlagen in Laboratorien. Beuth, Berlin (2009)
124. Richtlinie 2003/10/EG des Europäischen Parlaments und des Rates vom 06.02.2003 über Mindestvorschriften zum Schutz von Sicherheit und Gesundheit der Arbeitnehmer vor der gefährdung durch physikalische Einwirkungen (Lärm) (17. Einzelrichtlinie im Sinne des Artikels 16 Absatz 1 der Richtlinie 89/391/ EWG). Amtsblatt EG Nr. L 42/38 vom 15.02.2003 (2003)
125. Länderausschuss für Immissionsschutz: Musterverwaltungsvorschrift zur Durchführung des § 47a BImSchG. Düsseldorf (1992)
126. Hinweise zur Lärmkartierung einschließlich Beratungsunterlage und Beschluss zu TOP 13.1 der 121. Sitzung der Bund-Länderarbeitsgemeinschaft für Immissionsschutz am 2. und 3. März 2011 in Stuttgart
127. LAI-Hinweise zur Lärmaktionsplanung. Stand (2012)
128. Probst, W.: Zur Bewertung von Umgebungslärm; – Zeitschrift für Lärmbekämpfung, Ausgabe 4/2006, S 105–114. Springer VDI Verlag (2006)
129. Tegeder, K., Schneider, F., Sonder D.: Gesamtlärmstudie; Beurteilung und Bewertung von Gesamtlärm, TÜV-Bericht Nr. 933/032902/03 (2000)
130. VDI 3722 Blatt 2:2013–05, Wirkung von Verkehrsgeräuschen – Blatt 2: Kenngrößen beim Einwirken mehrerer Quellenarten, Düsseldorf. Beuth, Berlin (2013)
131. DIN 55350-13:1987–07: Begriffe der Qualitätssicherung und Statistik; Begriffe zur Genauigkeit von Ermittlungsverfahren und Ermittlungsergebnissen. Beuth, Berlin (1987)
132. DIN SPEC 45660-1: Leitfaden zum Umgang mit der Unsicherheit in der Akustik und Schwingungstechnik – Teil 1: Unsicherheit akustischer Kenngrößen. Beuth, Berlin (2014)
133. ISO/TR 17534-3: Acoustics – Software for the calculation of sound outdoors; Part 3: Recommendations for quality assured implementation of ISO 9613-2 in software according to ISO 17534-1 [Technical report]. ISO, Genf (2015)
134. Test 94: Testaufgaben für die Überprüfung von Rechenprogrammen nach den Richtlinien für den Lärmschutz an Straßen, Dez. (1994)
135. DIN 45687:2006–05: Akustik – Software-Erzeugnisse zur Berechnung der Geräuschimmission im Freien – Qualitätsanforderungen und Prüfbestimmungen. Beuth, Berlin (2006)
136. Dokumentation zur Qualitätssicherung von Software zur Geräuschimmissionsberechnung nach DIN 45687; 1. Dokumentation-QSI-Datenschnittstelle-DIN 45687 – Fassung 2011-07.1. Beuth, Berlin (2011)
137. Dokumentation zur Qualitätssicherung von Software zur Geräuschimmissionsberechnung nach DIN 45687) 2. Regelwerkskonforme Testaufgaben nach DIN 45687 – Fassung 2008–08.1. Beuth, Berlin (2008)
138. Dokumentation zur Qualitätssicherung von Software zur Geräuschimmissionsberechnung nach DIN 45687. Dokumentation 3: in Vorbereitung, Konformitätsformulare. (in Vorbereitung)
139. Dokumentation zur Qualitätssicherung von Software zur Geräuschimmissionsberechnung nach DIN 45687; 4. Dokumentation – Testaufgaben mit der Musterstadt QSDO – DIN 45687:2013–03.1. Beuth, Berlin (2013)
140. ISO/DIS 17534-1: Acoustics – Software for the calculation of sound outdoors; Part 1: Quality requirements and quality assurance. ISO, Genf (2015)
141. ISO/TR 17534-2: Acoustics – software for the calculation of sound outdoors; part 2: general recommendations for test cases and quality assurance interface [technical report]. ISO, Genf (2014)
142. Bund/Länder Arbeitsgemeinschaft für Immissionsschutz (LAI): Schallimmissonsschutz an Schießständen – Leitfaden für die Genehmigung von Standortschießanlagen (LeitGeStand) (2015)
143. Bund/Länder Arbeitsgemeinschaft für Immissionsschutz (LAI): Hinweise zur Ermittlung und Beurteilung der Fluglärmimmissionen in der Umgebung von Landeplätzen (Hinweise zu Fluglärm an Landeplätzen) (2008)

Printed in the United States
By Bookmasters